建筑节能设计统一技术措施
（给水排水）

上海现代建筑设计（集团）有限公司　编

中国建筑工业出版社

图书在版编目(CIP)数据

建筑节能设计统一技术措施（给水排水）/上海现代建筑设计（集团）有限公司编．—北京：中国建筑工业出版社，2009

ISBN 978-7-112-11045-2

Ⅰ.建… Ⅱ.上… Ⅲ.①节能—建筑设计②给水工程—节能—建筑设计③排水工程—节能—建筑设计 Ⅳ.TU201.5 TU82

中国版本图书馆CIP数据核字（2009）第096036号

责任编辑：徐　纺　邓　卫

责任设计：张政纲

责任校对：刘　钰　王雪竹

建筑节能设计统一技术措施

（给水排水）

上海现代建筑设计（集团）有限公司　编

*

中国建筑工业出版社出版、发行（北京西郊百万庄）

各地新华书店、建筑书店经销

北京红光制版公司制版

北京中科印刷有限公司印刷

*

开本：889×1194毫米　1/16　印张：6¾　字数：216千字

2009年9月第一版　2009年10月第二次印刷

定价：**29.00**元

ISBN 978-7-112-11045-2

（18291）

序

近些年来，有关节能、生态、环境保护和可持续发展等问题已越来越成为全社会关注的焦点，也引发了人类对于日益严重的生态环境问题的反思。针对我国的能耗状况，建筑节能已成为我国一系列应对措施中的一个重要环节，国家与地方相继出台了一大批有关建筑节能的规范与标准，而建筑节能设计则是实现建筑节能目标的第一步，完善的建筑节能设计，将为建筑长期的低能耗运行打下良好的基础。

由于影响到建筑能耗的因素繁多，涉及范围广，需要各专业的设计人员共同努力才能完成。为此上海现代建筑设计(集团)有限公司汇聚了各专业专家的智慧，编制了这本《建筑节能设计统一技术措施》，旨在帮助设计人员更好地理解并贯彻执行相关的节能规范与标准，进一步规范节能设计的各项技术标准，提高建筑节能设计的整体水平。但“统一”并不代表单一，建筑项目的功能类型、使用需求及所处的地理环境、自然条件等千变万化，建筑设计通常会采用各不相同的对策。本措施从最基本的概念与方法入手，指导设计人员根据各自项目的特点，依照节能设计的相关步骤，从建筑前期设计阶段就开始进行建筑节能方面的研究，确定建筑、设备等的节能方案，并在设计的各个阶段循序渐进地进行各项节能计算及系统和构造设计。同时，本措施还收集并引用了部分节能规范、标准、措施等的有关要点、一些地区的节能审查要求以及部分设计计算与构造实例，因此，本措施兼有节能设计手册的功能，供设计人员参考。

建筑节能设计应当不仅仅是规范的执行，也不仅仅是套用标准的节能计算与构造，通过对一个又一个新项目的建筑节能技术的探索，将会发现一片充满绿色创意的天空。

上海现代建筑设计(集团)有限公司总裁

2009年7月

前　言

《建筑节能设计统一技术措施》是由上海现代建筑设计(集团)有限公司组织编制的一套以指导集团内各单位进行建筑节能设计的技术文件，编制的目的是为了更好地贯彻落实国家及上海地区关于节能的有关法规，供集团内各设计单位参照执行。

《给水排水》分册的内容包括了综合节能节水措施、变频调速和管网叠压供水、循环冷却水、可再生能源的利用、雨水的控制与利用、中水的回收利用、景观用水和冲洗用水。特点是详述了节能节水新技术，突出了上海地区的地域特点，对设计人员进行节能设计具有实用性和可操作性的指导意义。

本分册编写组的具体分工如下：

1　冯旭东

2　栾雯俊　徐　凤　潘　琳　余　勇

3　梁葆春

4　杨　琦

5　鲁海平　脱　宁　朱建荣

6　王　珏　徐　琴

7　王学良

8　包　虹

由于本分册是首次编写，时间仓促，掌握的资料有一定的局限性，因此，所涵盖的内容和深度不够，有不少内容有待补充和完善，也难免会存在一些问题和不足，敬请读者批评指正，以便我们今后修订和更新。

现代建筑设计集团技术委员会
《建筑节能设计统一技术措施》编写组
2009年7月

目　录

总 则

0.1 为了更好地贯彻、落实国家颁布的有关节约能源的法规和方针政策，提高民用建筑的建筑与建筑设备的节能设计水平，推广节能技术，保证能源利用效率和建筑节能设计质量，减少污染物的排放，制定本技术措施。

0.2 本技术措施的节能原则是：在充分满足和完善建筑物使用功能的前提下，减少能源消耗，提高能源效率，积极推广和应用节能新材料、新工艺、新设备和新技术，提高室内环境质量。

0.3 本技术措施适用于新建、改建和扩建的民用建筑工程和既有建筑节能改造工程中的给排水专业的节能设计。

0.4 本技术措施为国家、行业现行的和一些即将颁布的规范、标准的细化、延伸和补充，并综合和总结了多年的工程设计经验和实践经验，针对民用建筑中建筑节能与建筑设备节能的共性问题而编制。

0.5 本节能措施除应符合与建筑节能设计相关的国家标准的规定外，还应符合国家现行的有关强制性标准的规定。如颁发了新的规范、标准、规定等，应以新版本为准。

1 基本规定

1.1 随着我国经济的不断发展，给水排水专业技术的进步，在保证民用建筑物用水的安全、卫生、舒适和经济等要求的同时，建筑给水排水设计应贯彻节约资源（节能、节地、节水、节材）和防止环境污染的方针。

1.2 建筑给水排水专业节能设计的主要目的是降低建筑给水排水系统的日常运行能耗和采用再生能源。

1.3 上海是典型的水质型缺水城市，水质既受上游水源污染的影响，又有本地污染源的危害。节水是濒海临江的上海十分紧迫的社会课题，建筑节水是民用建筑设计中给水排水专业的重要内容之一，在全国范围内都有实际意义。

1.4 在建筑给水排水设计中，应提倡按照绿色建筑评价标准或理念，优化节能、节水技术的应用或集成。在节能技术上，应注重能源品质，强调能源的优化利用和梯级利用，提高能源的转换效率；在节水技术上，应注重水资源管理，强调水资源的分质供水和梯级供水，提高水资源的利用效率。

1.5 综合节能、节水措施和节能、节水专项技术以国家和上海市现行法律、法规、标准、规范（程）等有关节能要求为基准，在总结以往工程实践的基础上，为上海地区住宅建筑和民用公共建筑的给水排水专业节能、节水设计提供了各种设计参数、方法及技术要求，以方便设计人员参照执行。其他地区的给水排水专业节能、节水设计，还应遵守当地有关规定。

1.6 节能、节水措施在执行时，尚应符合国家和上海市现行法律、法规、标准、规范（程）。如与新颁布的法律、法规、标准、规范（程）不符时，应以后者为准。

1.7 建筑给水排水设计应积极、合理地采用节能、节水的新技术、新工艺、新设备。当设计采用的技术、材料及设备超出本技术措施的规定时，应进行技术经济比较和论证，处理好节能、节水与经济性之间的关系。

1.8 建筑给水排水设计时应推广应用国务院建设行政主管部门制定并公布列入推广目录的建筑节能新技术、新工艺、新设备、新材料、新产品，不得使用列入禁止目录的技术、设备、材料和产品。

1.9 给水排水专业在建筑节能设计中主要依据的法律、法规、标准、规范(程)以及政府文件：

1.《中华人民共和国建筑法》——1998 年 3 月 1 日起实施；
2.《中华人民共和国水法》(2002 年修订)——2002 年 8 月 29 日起实施；

3.《中华人民共和国节约能源法》——1998 年 1 月 1 日起施行；

4.《中华人民共和国可再生能源法》——2006 年 1 月 1 日起施行；

5.《建设部建筑节能“十五”规划纲要》(建科[2002]175 号)——2002 年；

6.《上海市节约能源条例》——1998 年 10 月 15 日实施；

7. 上海市《关于进一步加快推进本市建筑节能工作的若干意见》(沪建建[2003]658 号)——2003 年 8 月 25 日实施；

8.《上海市建筑节能管理办法》——2005 年 7 月 15 日施行；

9.《上海市〈关于实施上海市建筑节能管理办法〉有关问题说明》(沪建建[2005]649 号)——2005 年 10 月 10 日实施；

10.《关于印发〈进一步加强上海民用建筑工程项目建筑节能管理若干意见〉的通知》(沪建建[2005]212 号)——2005 年 5 月 15 日实施；

11.《关于印发〈上海市公共建筑建设项目初步设计方案建筑节能审核要点〉等实施的通知》(沪建建管[2005]076 号)——2005 年 6 月 28 日实施；

12. 国家标准《公共建筑节能设计标准》(GB 50189—2005)；

13. 上海市工程建设规范《公共建筑节能设计标准》(DGJ 08—107—2004)；

14. 行业标准《民用建筑节能设计标准》(JGJ 26—95)；

15. 国家标准《建筑给水排水设计规范》(GB 50015—2003)；

16. 国家标准《建筑中水设计规范》(GB 50336—2002)；

17. 国家标准《住宅建筑规范》(GB 50368—2005)；

18. 国家标准《住宅设计规范》(2003 版)(GB 50096—1999)；

19. 上海市工程建设规范《住宅设计标准》(DGJ 08—20—2007)；

20. 上海市工程建设规范《住宅建筑节能检测评估标准》(DG/TJ 08—801—2004)；

21. 国家标准《污水再生利用工程设计规范》(GB 50335—2002)；

22. 协会标准《城市污水回用设计规范》(CECS 61—1994)；

23. 国家标准《民用建筑太阳能热水系统应用技术规范》(GB 50364—2005)；

24. 国家标准《建筑与小区雨水利用工程技术规范》(GB 50400—2006)；

25. 行业标准《节水型生活用水器具》(CJ 164—2002)；

26. 国家标准《绿色建筑评价标准》(GB/T 50378—2006)；

27. 国家标准《地源热泵系统工程技术规范》(GB 50366—2005)；

28. 上海市工程建设规范《民用建筑太阳能应用技术规程》(DGJ 08—2004A—2006)；

29.《上海市建设与交通委员会关于进一步加强本市民用建筑设备专业节能设计技术管理的通知》(沪建交[2008]828 号文)；

30. 上海市房地资源局《上海市太阳能热水系统建筑一体化导则》；

31. 其余各地区与建筑节能相关的规范、规定。

2 综合节能节水措施

2.1 给水

2.1.1 水源选择

1. 生活生产用水首先选用市政给水；

2. 建筑物内的冲厕水，停车库地面冲洗水，绿化、水景、空调补给水等水源宜利用雨水、废水等收集处理后的再生水资源。

2.1.2 用水定额

合理选用用水定额是减少生活用水资源浪费的一项重要措施。设计时应按以下要求确定用水定额：

1. 按《建筑给水排水设计规范》(GB 50015—2003) 选取给水用水定额，不宜超过最高值，缺水地区应选取低值；

2. 各地区住宅用水标准应按当地住宅标准选用；

3. 上海市住宅的生活用水定额应符合上海市工程建设规范《住宅设计标准》(DGJ 08—20—2007) 的要求，普通住宅每人最高日用水定额宜为 230L；

4. 当利用中水、雨水回收等作为冲厕等其他用水时，生活用水量应相应减去此部分的水量，各类建筑分项给水百分率详见表 7.3.3；

5. 附设在民用建筑中的停车库，可按 10%～15%轿车车位计抹车用水；

6. 附设在民用建筑中的停车库地面冲洗水与汽车抹车用水二者取大值计入用水量中。

2.1.3 供水系统

采用合理的供水系统，是建筑给排水专业重要的节能手段。供水系统的确定应符合以下要求：

1. 充分利用市政管网的压力：

(1) 应通过调查收集和掌握准确的市政供水水压、水量及供水可靠性的资料，为合理设计给水系统、利用市政供水压力提供依据。当不能确切掌握市政资料时，上海市市政供水压力可按 0.16MPa 计算。

(2) 根据用水设备、用水卫生器具和水嘴的供水最低压力要求，确定直接利用市政供水的层数。

(3) 当市政条件允许时，宜采用夜间水箱的供水方式。

2. 建筑给水系统竖向分区：

(1) 住宅室内给水系统最低配水点的静水压力宜为 300～350kPa。当大于 350kPa 时，应采用竖向分区。分区宜采用减压装置。每户水表前的静水压力不应小于 100kPa。当顶层为跃层时，表前的静水压力不应小于 130kPa。

(2) 高层建筑给水系统的分区应满足以下要求：

各分区最低卫生器具配水点处的静水压不宜大于 0.45MPa，特殊情况下不宜大于 0.55MPa。水压大于 0.35MPa 的入户管(或配水横管)，宜设减压或调压措施。

3. 增压措施：

(1) 应合理采用变频调速泵组供水。当采用变频泵供水时，应优先采用变压变流量的供水方式，工作水泵宜选用2台或以上，宜采用大小水泵搭配的形式，并宜设气压罐调节小流量给水；

(2) 如不能满足第1款条件，多层住宅(建筑)宜采用变频恒压供水方式，高层建筑宜优先选择水池-水泵-水箱联合供水的方式；

(3) 当市政条件允许时，宜采用叠压供水设备。

4. 减压措施：

(1) 推荐支管减压作为节能节水的重要措施。

(2) 建筑高度不超过100m的建筑的生活给水系统，宜采用垂直分区并联供水或分区减压的供水方式。建筑高度超过100m的建筑，宜采用垂直串联供水方式。

5. 水池位置：

生活水池的设置位置不宜太深，以减少水泵的提升高度。

6. 小区给水：

(1) 当居住小区采用小区集中供水系统时，宜根据小区的规模、建筑物布置等情况集中或相对集中布置供水泵站。

(2) 供水泵站宜在供水范围内居中或靠近用水量大的用户布置，应避免室外供水管线过长。否则由于水泵扬程增大，离水泵近的建筑供水压力大，易造成压力波动大、耗能、耗材、噪声大、使用效果差等弊病。

2.1.4 建筑群供水

当高层建筑群采用集中供水系统时，有条件宜采用竖向分区集中加压系统。

2.1.5 供水设备

生活给水系统供水设备选型需满足以下要求：

1. 生活给水系统的加压水泵的选择：

(1) 水泵的 $Q-H$ 特性曲线，应是随流量的增大扬程逐渐下降的曲线；

(2) 应根据管网水力计算进行选泵，水泵应在其高效区内运行；

(3) 采用管内壁光滑、阻力小的给水管材及阀件，采用经济流速以减少管道的阻力损失和水泵扬程。

2. 气压供水设备的选择：

(1) 气压水罐内的最低工作压力，应满足管网最不利处的配水点所需水压；

(2) 气压水罐内的最高工作压力，不得使管网最大水压处配水点的水压大于0.55MPa；

(3) 设计气压供水设备的其他要求见《建筑给水排水设计规范》(GB 50015—2003) 有关条款。

3. 变频调速泵组和管网叠压供水设备的选择见第3章。

2.1.6 节水器具

卫生洁具的节水性能应符合行业标准《节水型生活用水器具》(CJ 164—2002) 的有关规定，参见表2.1.6。

节水型生活用水器具的节水性能指标 **表 2.1.6**

分类	节水性能指标
节水型水嘴	(1) 给水水嘴应采用陶瓷芯等密封性能好、能限制出流率并经国家有关质量检测部门检测合格的节水型水嘴。 (2) 产品应在水压0.1MPa和管径15mm下，最大流量不大于0.15L/s。 (3) 感应式水嘴、延时自闭式水嘴应符合 (2) 的规定。 (4) 离开使用状态后，感应式水嘴应在2s内自动止水。非正常供电电压下应自动断水。 (5) 延时自闭式水嘴每次给水量不大于1L，给水时间4～6s
节水型便器	(1) 公共卫生间宜采用红外感应水嘴，感应式冲洗阀小便器、大便器等能消除长流水的水嘴和器具。 (2) 产品宜采用大小便分挡冲洗的结构。 (3) 产品每个冲洗周期大便器冲洗用水量不大于6L。 (4) 如采用大小便分档冲洗的配件，小便冲洗用水量不大于4.5L

续表

分 类	节 水 性 能 指 标
节水型便器冲洗阀	（1）水压为0.3MPa时，大便冲洗用产品一次冲水量6～8L，小便冲洗用产品一次冲水量2～4L（如分为两段冲洗，为第一段与第二段之和）。冲洗时间3～10s。 （2）使用中必须有防虹吸装置（小便冲洗阀不考虑此项要求）。 （3）使用中不允许有明显的水锤现象，噪声声压级不大于60dB
节水型淋浴器	（1）淋浴器喷头应在水压0.1MPa和管径15mm下，最大流量不大于0.15L/s。 （2）公共浴室宜采用单管恒温式产品

2.1.7 集中浴室

集中浴室应使用冷热水混合淋浴器，使用卡式智能、非接触自动控制、延时自闭、脚踏式等淋浴装置。公共浴室及设公共淋浴器的场所，宜采用系统可靠恒温混合阀等阀件或装置的单管供水。宾馆、饭店、医院等用水量较大的公共建筑宜采用淋浴器的限流装置，多于3个淋浴器的配水管道，宜布置成环形。

2.1.8 水表等计量装置

1. 住宅应设分户水表计量用水；

2. 公共建筑物内不同使用功能分区需分别计量的水管上均应分别设置水表；

3. 必须计量的用水设备的进水管、冷却塔的补水总管上应设置水表等计量装置；

4. 大中专院校、工矿企业的公共浴室、大学生公寓、学生宿舍公用卫生间的淋浴器宜采用刷卡式、红外瞬时流量计量设备等用水计量方式；

5. 设置暖通加湿补水计量。

2.1.9 分水器

在用水器具集中的卫生间，宜采用分水器配水，并使各支管以最短距离到达各配水点。

2.1.10 管材

生活给水系统管材选用时禁止使用冷镀锌钢管，推广应用塑料给水管。塑料给水管的选用见第2.6节。

2.2 热水

2.2.1 热源选择

在选择热源时可以考虑多种能源互补，以有效地满足用户的不同需要。

1. 集中热水供应系统的热源的确定应考虑节能，可按下列顺序选择：

（1）宜优先利用工业余热、废热、烟气余热；

（2）选择能保证全年供热的城市热网或区域性锅炉房的热水或蒸汽作为热源；

（3）采用可再生能源，如太阳能（上海属Ⅲ类地区，属于太阳能一般地区，条件许可情况下可以采用）；

（4）水源（含地下水、地表水、污废水可供回收利用的部分）、空气源热泵制备热源，或直接供给生活热水；

（5）采用蒸汽或热水锅炉制备热源，也可采用热水机组制备热源或直接供给生活热水；

（6）当上述热源无可利用时，可设燃油、燃气热水机组；

（7）当地电力供应较富裕，低谷电有优惠政策时可采用电能作热源或直接制备生活热水。

2. 局部热水供应系统的热源宜采用太阳能及电能、燃气、蒸汽等，宜采用贮热式热水器，以降低能耗。

3. 可利用烟气余热、循环冷却水余热、蒸汽凝结水余热等作为热水预热的热源。

2.2.2 基本参数的合理选择

热水系统的基本设计参数对于热水系统的合理运行、能耗等有很大影响。因此，应根据工程的具体条件合理选择设计参数。

1. 热水用水定额：

热水用水定额应根据卫生器具完善程度和地区按《建筑给水排水设计规范》（GB 50015—2003）的规定选择，除水资源丰富的炎热地区除外，居住建筑的热水用水定额推荐按该规范"热水用水定额"的下限选值。

2. 用水温度见表 2.2.2。

卫生器具的一次热水用水定额和小时热水用水定额及用水温度 **表 2.2.2**

建筑类型	卫生器具名称		一次热水用水定额（L）	小时热水用水定额（L）	用水温度（℃）
旅 馆	带有淋浴器的浴盆		150	300	40
	无淋浴器的浴盆		125	250	40
	淋浴器		70～100	140～200	37～40
	洗脸盆、盥洗槽水嘴		3	30	28（30）
	洗涤盆（池）		—	180	50
办公楼	洗手盆		—	50～100	35
餐 厅	洗涤盆（池）		—	250	50
	洗脸盆	工作人员用	3	60	30
		顾客用	—	120	30

注：表中括号内数值为《建筑给水排水设计规范》（GB 50015—2003）表 5.1.1-2 中的数值。

2.2.3 热水供水温度

1. 为减少管内外温差，减少热损失，节约能源，集中热水供应系统的水加热设备宜在满足最不利配水点处最低水温要求的条件下，根据热水供水管线长短、管道保温情况等适当采用低的供水温度。

2. 一般集中热水供应系统水加热设备的供水温度可为 50～60℃。采用集中热水供应系统的住宅，配水点的水温不应低于 45℃。当热水供应系统只供淋浴和盥洗用水时，配水点最低水温可不低于 40℃。医院加热设备出口水温不宜低于 60℃。局部要求高温度的配水点，宜采用二次加热的方式或单独加热的方式。游泳池加热设备出口水温应控制在 28～30℃。

2.2.4 热水供水系统

1. 集中热水供应系统应保证配水点处冷热水压力的平衡，其措施为：

（1）高层建筑的冷、热水系统分区应一致。当不能满足时，应采取保证系统冷、热水压力平衡的措施。

（2）当采用减压阀分区时，应保证各分区热水的循环。

（3）同一供水区的冷、热水管道宜相同布置，宜采用上行下给的布置方式。

（4）应采用被加热水侧阻力损失小的水加热设备，直接供给生活热水的水加热设备的被加热水侧阻力损失宜不大于 0.01MPa。

2. 合理布置热水回水管道，保证循环效果，节能节水。

（1）集中热水供应系统应设热水回水管道，并设循环泵，采取机械循环。

（2）热水供应系统应保证干管和立管中的热水循环，支管循环方式节水效果最好。

（3）公共浴室的干管应设置干管热水循环。

（4）单栋建筑的热水供应系统，循环管道宜采取同程布置的方式。当系统内各供水立管（上行下给布置）或供回水立管（下行上给布置）长度相同时，亦可将回水立管与回水干管采用导流三通连接，保证循环效果。

(5) 公共建筑热水系统的回水循环泵由回水温度控制，在非热水供应的时间宜自动关闭。

(6) 游泳池的加热，应设置自动调节加热功能的装置，加热器和循环泵应设定时开关。

(7) 小区集中热水供应系统的循环管道可不采用同程布置的方式。当同一热水系统所服务单体建筑内的热水供、回水管道布置相同或相似时，单体建筑的回水干管与小区热水回水总干管可采用导流三通连接的措施；当不满足上述要求时，宜在单体建筑接至小区热水回水总干管的回水管上设分循环泵，确保各单体建筑热水管道的循环效果。

3. 距离远的、用水规模小的供热水点宜选用局部加热装置。

4. 小区热源站、水加热设备站室的布置应满足以下要求：

(1) 当小区的热源站与水加热设备站室均为一个时，两者宜合建或邻近布置。当小区内有多个水加热设备站室而只设一个热源站时，热源站宜居中布置。

(2) 应根据小区内建筑物的分布、热水系统的设置等因素确定水加热设备站室采用集中、相对集中或按单体建筑分散等布置方式。一个水加热设备站室的服务半径不宜大于1000m，并应与冷水泵站相匹配。

(3) 水加热设备站室的设置应符合下列要求：

1) 供水范围应与给水加压泵房一致，且两者宜邻近布置；

2) 宜靠近热水用水负荷大的建筑；

3) 宜靠近热水供应范围内最高的建筑。

2.2.5 热水量、耗热量计算

1. 为准确计算热水量、耗热量，应准确确定设计计算用水人数、单位数。

2. 应根据建筑类别、热水用水定额和使用人数正确选用热水小时变化系数 K_h，见表2.2.5。

热水小时变化系数 K_h **表 2.2.5**

类别	住宅	别墅	酒店式公寓	宿舍（Ⅰ、Ⅱ类）	招待所培训中心、普通旅馆	宾馆	医院	幼儿园、托儿所	养老院
热水用水定额{L/[d·人(床)]}	60～100	70～110	80～100	70～100	25～50 40～60 50～80 60～100	120～160	60～100 70～130 110～200 100～160	20～40	50～70
使用人（床）数	≤100～≥6000	≤100～≥6000	≤150～≥1200	≤150～≥1200	≤150～≥1200	≤150～≥1200	≤50～≥1000	≤50～≥1000	≤50～≥1000
K_h	4.80～2.75	4.21～2.47	4.00～2.58	4.80～3.20	3.84～3.00	3.33～2.60	3.63～2.56	4.80～3.20	3.20～2.74

注：1. K_h 应根据热水用水定额高低、使用人（床）数多少取值，当热水用水定额高、使用人（床）数多时取低值，反之取高值；使用人（床）数小于等于下限值及大于等于上限值的，K_h 就取下限值及上限值，中间值可用内插法求得。

2. 设有全日集中热水供应系统的办公楼、公共浴室等表中未列入的其他类建筑的 K_h 可参照给水的小时变化系数选值。

3. 设计小时耗热量的计算，应根据集中热水供应系统全日供应热水、定时供应热水，同一热水系统中，不同类别建筑、不同用水部门的最大用水时段等使用条件分别按《建筑给水排水设计规范》(GB 50015—2003) 中关于设计小时耗热量的相应条款和公式计算。

4. 冷水计算温度

(1) 冷水的计算温度，应以上海地区最冷月平均水温资料确定；

(2) 当无水温资料时，上海地区地面水冷水计算温度采用 5℃，地下水冷水计算温度采用 15～20℃。

2.2.6 热水供水水质及水质处理

集中热水供应系统原水的水处理，应根据水质、水量、水温、水加热设备的构造、使用要求等因素经技术经济比较按下列要求确定：

1. 水质总硬度（以碳酸钙计）宜为：洗衣房用水 50～100mg/L，其他用水 75～150mg/L（注：根据上海自来水市北有限公司 2006 年检测城市供水水质标准常规检验，总硬度为 138mg/L）；

2. 其他生活日用热水量（按 60℃计）大于或等于 $10m^3$ 且原水总硬度（以碳酸钙计）大于 300mg/L 时，宜进行水质软化或稳定处理；

3. 水质稳定处理应根据水的硬度、适用流速、温度、作用时间或有效长度及工作电压等选择合适的物理处理方法或化学稳定剂处理方法。

2.2.7 设备选择详见第 2.6 节。

2.2.8 管材、阀门及计量水表详见第 2.6 节。

2.2.9 热水系统的管道、阀门和设备应有保温措施，保温设计详见第 2.5 节。

2.2.10 室外热水管道的敷设

1. 室外热水管道宜采用管沟敷设，以利于保证管道安装、保温施工及维护、修理、保温层的更换，并且有利于减少管道的散热损失。管沟沟底设有排水坡度，坡向排水集水井或排水口。地沟做法可参照国家标准图集《室外热力管道安装（地沟敷设）》（03R411—1）有关内容。

2. 当室外热水管道采用直埋敷设时，应根据上海地区的土壤类别、地下水位高低等因素做好保温、防水、防潮及保护层，并且对阀门、法兰、支架等易产生热桥处，做好严密处理。管线较长者宜设在线检测仪表，以保证直埋管道的正常运行，减少热损失。

2.3 排水和雨水

2.3.1 小区排水管的布置应根据小区规划、地形标高、排水流向，按管线短、埋深小、尽可能自流排出的原则确定。

2.3.2 生活排水首选重力流排水方式。当建筑物设有地下室时，地面以上建筑排水宜直排排出室外，地下室排水采用压力排水方式排出。

2.3.3 污废水管道布置位置应考虑有利于就近排放。当采用压力排水方式时，其设施宜靠近市政、小区等排水管道的排放点。

2.3.4 当设有中水系统时，应采用生活污水与生活废水分流的排水系统。生活废水作为中水水源之一。

2.3.5 游泳池排水、循环冷却水排水和空调凝结水排水应尽量回收利用，可单独排放作为中水水源。

2.3.6 蒸汽凝结水应尽量回收利用，可单独排放作为中水水源，也可利用蒸汽凝结水的余热作为生活热水的预热热源。

2.3.7 雨水综合利用可作为绿化浇洒用水、景观用水和冲洗用水等，也可作为中水水源，详见第 6.5 节。

2.4 控制与计量

2.4.1 一般规定

1. 本节相关措施仅适用于本措施涉及的民用建筑内给水排水和冷却循环水等相关系统。

2. 节能与节能改造建筑（包括：办公、商业、旅游、科教文卫、通信、交通运输等）中应根据其节能目标、建筑规模以及建筑物业管理等情况，配置相应的建筑给水排水自动化监控子系统，对其中设置的给水排水设备、饮水设备、污水处理设备及冷却循环水设备等进行监视、计量或控制。通过用水计量、供水温度、系统水质等监测与流量分析的智能手段，监控有关设备运行状态的相关性能指标。在确保控制系统可靠运行的前提下，降低设备无效日常耗能，追求最大的节能效益。

3. 监控系统应具有先进性、开放性、扩展性。单独设立的建筑给水排水自动化监控子系统应设有标准化通信接口，并具备联网条件。

4. 监视、计量或控制内容应根据建筑功能、相关标准、给水排水系统情况等经技术经济比较后确定最优方案。对于系统较为复杂的情况，应绘制监控流程原理图。

5. 监控与计量产品应选用经国家权威产品质量监督检测单位检验合格、低功耗、低污染的产品，并定期对产品进行检测、标定。

2.4.2 监测与控制

1. 生活冷热水系统监控（中水供水系统可参考）：

(1) 增压设备（供水泵、补水泵、热水循环泵等相关设备）连锁状态（压力、流量等）显示、故障报警等。系统应根据高位水箱水位的高低或供热水、回水温度监控水泵的启停台数以及自动切换、连锁启停控制或就地手动控制，并对其状态进行监控。公共建筑采用循环热水供应系统时，在非热水供应的时间应自动关闭循环泵。系统应根据变频给水系统供水管上压力情况对水泵的启停或调节水泵转速进行监控。对自带控制系统的一体化设备——变频供水设备的运行状态（运转、故障、频率等）进行监测（设备供货商应提供与BAS系统联网的标准化通信接口，并具有联网条件）。

(2) 储水设施［生活蓄水池、生活冷热水箱、开水器（炉）等］的高低液位检测（含控制信号输出）和异常液位报警等。

(3) 加热设备［热交换器、开水器（炉）等］出水温度、压力、流量等运行状态显示、故障及超温（压）报警等。根据系统热水温度对热交换器等加热设备的启闭台数进行监控，以及按系统热水温度对有关阀门开度控制。

(4) 处理设备（过滤器、反冲洗泵、混凝剂投加泵、消毒剂投加泵、杀菌设备等相关设备）运行状态（压力、流量、水质等）显示、故障报警等以及设备连锁启停控制或就地手动控制、自动切换控制等。

(5) 系统状况（分区水压、热水供水与回水的温度、减压阀处水压、电控阀开度、系统连锁等）运行状态显示、超压与故障报警等，以及对电控阀开度、系统连锁控制等。

(6) 应根据加热设备制备的热水温度调节其热力源（如：蒸汽、热水、热油、电力、可再生能源等）供能量，并对其压力、温度、电压进行监测，对其能耗进行监测与累计统计、故障报警等。对换热后蒸汽凝结水水温等进行监测。

(7) 各计量表的读数记录与查询。

(8) 系统应自动累计设备运行时间，确定主、备用泵等设备的轮换并做维护提示。

2. 生活排水监控：

(1) 提升设备（排水泵、真空泵、电控阀等相关设备）的流量、压力、真空度等运行状态显示、故障报警。系统应根据集水池（坑）水位的高低启闭排水泵台数以及自动切换、手控等控制。

(2) 集水设施［集水（隔油）池、污水井等］高低或启停泵液位检测和超警戒水位与故障报警等。

(3) 处理设施（中水处理等系统视处理工艺情况：水量、水压、水位、水质、加药等）连锁运行状态显示、故障报警以及相关控制等。对于自带控制系统的一体化水处理设备的运行状态等进行监测。中水处理系统可在控制台上实现手动控制，各个动力设备的运行状态、流量等参数应在控制台上显示。其中各个用电设备均可通过可编程序控制器（PLC）的编程与之完成之间的连锁关系。

(4) 雨水收集系统，详见第6章。

(5) 各计量表的读数记录与查询。

(6) 系统应自动累计设备运行时间，确定主、备用泵等设备的轮换并做维护提示。

3. 游泳池、水上游乐池等监控：

(1) 池水水质等应予监测及异常报警，并按规模、当地情况等采用全自动、半自动或手动控制。常用监控指标有水量、水温、水质、pH 值、浊度、余氯、臭氧消毒时的氧化还原电位及压力等。

(2) 池水过滤（加药）设备视条件采用半自动、全自动控制。常用监控指标有混凝剂、pH 值调整剂、除藻剂和药剂消毒溶液的浓度、投加量、贮液容器液位等。

(3) 系统过滤器超压报警或显示等监测，毛发聚集器运行状态监测与控制。

(4) 平衡水池或均衡水池、补水水箱的液位检测和记录查询、故障报警等。

(5) 设有加热设施时，其热源的流量、温度和压力显示、记录查询、故障报警等。对热力源进行控制。

(6) 循环水泵（反冲泵、补水泵）、各种药剂和消毒剂投加系统等连锁状态显示、故障报警以及连锁启停控制或就地手动控制。系统应根据回水压力控制补水泵的启闭。

(7) 系统补水、泄水流量监控和记录查询。

(8) 对于自带控制系统的一体化水处理设备的运行状态等进行监测。

(9) 控制室计算机应能集中显示、记录上述监控参数。

4. 景观监控：

(1) 应按照园林与气象等情况要求，对小区园林绿化浇灌实行定时自动灌溉控制。

(2) 对人工河、喷泉、循环水等景观设备的工作状态、故障信号进行监测以及故障报警等。水景工程的运行方式可根据工程要求设计成手控、程控或声控。

(3) 对系统补水总管流量监控和记录查询。

5. 民用建筑空调制冷机组循环冷却水系统监控详见第 4.10 节。

6. 太阳能生活热水系统监控详见第 5.1.5 条第 7 款。

2.4.3 计量仪表

各计量装置应安装在便于观察和维护、不冻结、不被任何液体及杂质所淹没和不易受损坏的地方。应加强对计量设施的检查与日常维护，以保证计量准确。应根据不同使用场所、量程和精度等要求，合理地选择控制装置。应采取有效措施检测管道渗漏。

相关控制设备的主要技术性能及特点参见：《建设部关于发布建设事业“十一五”推广应用和限制禁止使用技术（第一批）的公告》（中华人民共和国建设部公告第 659 号）以及《上海市城乡建设和交通委员会关于公布〈上海市禁止或者限制生产和使用的用于建设工程的材料目录〉（第三批）的通知》（沪建交［2008］1044 号）。

1. 合理配置计量表：

(1) 对于新建、改建和扩建的公共建筑，应根据用户等情况，对冷热源、输配系统等各部分能耗进行独立分项或分区域计量。

(2) 小区的引入管、小区景观与绿化供水管、建筑物的引入管、游泳池和空调循环冷却水系统进水补水总管、锅炉补充水管、建筑中水设施补水管、主要用水（汽、气）设备及其他建筑物内需单独计量的供水（汽、气）管上均可按功能、使用要求等分设计量表。

(3) 住宅和公寓的入户管、用水分户、分用途设置计量仪表。有集中热水供应的住宅、公寓应装分户热水水表。住宅的分户水表宜相对集中读数，且宜设置于户外；对设在户内的水表，宜采用远传水表或 IC 卡水表等智能化水表。

(4) 当需计量热水总用量时，可在水加热设备的冷水供水管上装冷水表。

(5) 成组和个别（支管）生活热水用水点供水管上可分设计量热水表。

2. 做好日常记录：

(1) 各计量表按月（或日、场、时）集中计量、计费、打印收据通知单和报表；

(2) 水加热设备的热媒进出口、被加热水进出口的温度、压力，按小时记录；

(3) 热水循环泵启、停温度按日记录，循环泵每日开、停时间定时记录；

(4) 热水用水量分区逐时记录；

(5) 空调系统循环冷却水补充水管水表的数据每星期记录一次，建议按日记录；

(6) 游泳池补充水管所设水表的数据按日记录，泳池水的常规数据：pH 值、余氯、浊度、色度等水质变化项目均按每场记录，过滤器运行期间宜每 4h 记录一次进出水压力变化，高负荷时每 2h 记录余氯一次，低负荷时每 4h 记录余氯一次；

(7) 中水水质监测数据：pH 值、余氯、浊度、色度等水质变化项目按日记录；SS、BOD、COD、粪大肠菌群数等项目按月记录；其他项目可定期监测。

3. 计量仪表及控制装置：

(1) 大中专院校和工矿企业的公共浴室、大学生公寓和学生宿舍公用卫生间的淋浴器宜采用刷卡(IC 卡水表) 用水。

(2) 不宜读数抄表之处宜采用远传水表 (脉冲、直读、数字型) 或预付费 IC 卡水表 [(非) 接触型] 等智能化计量。

(3) 当有压力自动控制要求时，采用电接点压力表和压力传感器。

(4) 当有远传功能要求或数字显示要求时，采用远传型计量表 (如：智能化水表、远传压力表或压力传感器)。

(5) 应根据水处理工艺要求和管理要求设置水量计量、取样监 (检) 测、药品计量的仪器、仪表 (如：pH 值传感器、余氯量传感器或氧化还原电位传感器等)。

(6) 中水系统原水管上设置瞬时和累计计量装置 (如：超声波流量计和沟槽流量计等)，其他部位按功能要求安装计量装置。

(7) 水加热设备必须配置自动温度控制阀门或装置，以保证安全、稳定的供水温度，避免因供水温度的波动大造成安全事故和增大能耗。自动温度控制阀应采用温度灵敏度高、传感机构耐久可靠、泄漏率低的产品。水加热器温度精度控制，详见《建筑给水排水设计规范》(GB 50015—2003) 第 5.6.9 条。

(8) 为保证室外直埋管道的正常运行，减少热损失，对于室外直埋管线较长者宜设在线检测仪表。

(9) 水表的计量等级精度宜不低于 B 级，推荐使用 C 级或以上；其他参与能耗计量的检测仪表，其精度宜控制在 0.5 级以内。

(10) 与节能控制有关的检测与调节仪表，其精度宜控制在 1.0 级以内，当压力等仪表信号需远传至二次仪表或计算机时，推荐使用不低于 0.5 级。系统水温测量用传感器尽量选用 A 级精度的铂热电阻感温元件。

(11) 最大被测量指示范围应选择在仪表标度尺满刻度的 2/3～3/4 之间，最小值应不低于全量程的 1/3。

(12) 给水排水相关系统可采用计算机集散控制测控系统 (DCS) [微计算机、直接数字控制系统 (DDC)、可编程控制器 (PLC)] 等控制。

(13) 所有参与自动调节的阀门宜与控制系统成套供货，并应提供阀门选型计算书和技术参数；所配套的执行机构宜采用电子式执行器。

(14) 控制系统的软件，宜具备节能控制及管理的功能。

2.5 保温 (防冻、防结露)

2.5.1 一般规定

1. 为了减少在管道输送和设备贮存过程中的散热损失和保证介质的状态，提高热能的利用率，节约能源，保证温度，确保安全运行，改善工作环境，应对相应管道、设备采取保温措施。

2. 采用优质高效保温材质和合理保温结构，是确保保温措施有效实施的前提。在保温材料的物理、化学性能满足使用要求的前提下，应优选导热系数低、密度小、价格低、施工方便、便于维护的保温材料。

3. 保温结构材料的允许使用温度应高于介质温度。

4. 工艺生产中不宜或不需保温的部位以及各种热工仪表系统，可不考虑保温。

2.5.2 保温

1. 管道或设备在下列情况下应予可靠保温：

(1) 室外：

1) 敷设于建筑物外部明露部位有冰冻危险的管道或设备应有保温措施；

2) 室外热水输送管道宜采用管沟敷设，以利于保证管道安装、保温施工及维护、修理、保温层的更换，并且有利于减少管道的散热损失；

3) 室外热水直埋管道的敷设要求见第 2.2.10 条，做法可参照国家标准图集《热水管道直埋敷设》(05R410) 的有关内容；

4) 冷却水系统保温要求见第 4.10 节。

(2) 室内：

1) 敷设在有可能结冻危险场所的室内公共部位、房间、地下室及管井、管沟等地方的管道与设备应有防冻保温措施。

2) 住宅入户明装或安装在吊顶内时宜做保温层；暗装的支管管道若难以做保温处理，又因管径小、散热快，其管道长度宜控制在 7m 以内；支管管材宜采用低导热系数的热水型塑料给水管或外表覆塑金属管。

3) 热水锅炉、热水机组、水加热设备、贮水器、分（集）水器等应做保温处理。

4) 热水输（配）水、热水循环回水干（立）管等热力管道及附件的外表面温度≥50℃的管段阀门、法兰等附件应进行保温。供热介质设计温度≥50℃的热力管道、设备、阀门一般应进行保温。外部有加热装置的管道应进行保温。

5) 热水供应系统所设膨胀管如有冻结可能时，应采取保温措施。

6) 管道或设备敷设在容易使人烫伤的地方或散发的热量会产生不安全的因素时应做保温处理。

2. 保温结构：

应选用优质保温结构材质，确定最佳保温层厚度，降低保温结构在整个管道费用中所占比重，节约能源。

(1) 保温材质的选择：

1) 保护层材料应选用强度高，使用环境温度下不软化、不脆裂、抗老化、耐久的产品。国家重点工程的保温保护层材料的设计使用年限应大于 10 年。

2) 保温材料的平均温度低于 350℃时，其导热系数不得大于 0.12W/(m·K)，泡沫塑料及其制品常温时的导热系数不得大于 0.044W/(m·K)。

3) 硬质保温材料密度不得大于 300kg/m^3，半硬质及软质材料及其制品密度不得大于 200kg/m^3。

4) 硬质无机成型制品的抗压强度不应小于 0.3MPa，有机成型制品的抗压强度不应小于 0.2MPa。

5) 隔热材料及其制品的 pH 值不应小于 8。

6) 保温材料的含水率不得大于 7.5%（质量比）、防水率不得小于 95%（憎水型）。

7) 保温材料允许使用温度应高于介质设计温度。

8) 保温层材料应选择符合《建筑材料及制品燃烧性能分级》(GB 8624—2006) 规定的燃烧等级的产品。

①被保温的设备与管道外表面温度＞100℃时，保温层材料应符合不燃类 A 级材料的性能要求；

②被保温的设备与管道外表面温度≤100℃时，保温层材料不得低于难燃类 B1 级材料的性能要求。

9) 当用作金属管道或设备的保温层时，不会对金属外表产生腐蚀。用于奥氏体不锈钢设备和管道上的隔热材料及其制品中的氯离子含量，应符合《工业设备及管道绝热工程施工规范》(GB 50126—2008) 中的有关规定。

10）塑料管保温的保温层不应采用硬质保温材料。

11）写全保温结构材料的主要技术参数（导热系数、使用密度、耐火性能、厚度、机械强度、硬质保温材料的线膨胀系数和热阻等）。

12）常用保温材料及制品的主要技术性能见表 2.5.2-1。

常用保温材料及制品的主要技术性能 **表 2.5.2-1**

序号	保温材料名称	使用密度（kg/m^3）	使用温度范围（℃）	耐火性能	导热系数参考方程 W/（m·℃）	适用条件
1	玻璃棉制品	45～90	≤300	A	$\lambda=0.031+0.00017T_m$	金属管、塑料管
2	超细玻璃棉制品	60～80	≤400	A	$\lambda=0.025+0.00023T_m$	金属管、塑料管
3	泡沫橡塑制品（PVC/NBR）	40～95	－40～105	B1　B2	$\lambda=0.038+0.00012T_m$	金属管、塑料管
4	酚醛泡沫制品（PF）	40～70	－180～150	B1	$\lambda=0.0265+0.0000839T_m$	金属管、塑料管
5	复合硅酸盐制品	150～160	－40～800	A	$\lambda=0.048+0.00015T_m$	金属管、塑料管
6	聚氨酯泡沫制品	30～60	－80～110	B1　B2	$\lambda=0.0275+0.00014T_m$	金属管
7	聚苯乙烯泡沫制品	≥30	－65～70	B1　B2	$\lambda=0.039+0.000093T_m$	金属管
8	聚乙烯泡沫制品（PEF）	30～50	－50～100	B1　B2	$\lambda=0.034+0.00012T_m$	金属管、塑料管
9	岩棉制品	61～200	≤350	A	$\lambda=0.036+0.00018T_m$	金属管、塑料管
10	泡沫玻璃制品	180	－200～400	A	$\lambda=0.061+0.00011T_m$	金属管
11	硅酸铝制品	≤192	≤800	A	$\lambda=0.032+0.0002T_m$	金属管
12	微孔硅酸钙制品	≤220	≤550	A	$\lambda=0.054+0.00011T_m$	金属管
13	憎水珍珠岩制品	≤220	≤400	A	$\lambda=0.057+0.00012T_m$	金属管

注：1. 表中 T_m 为保温层内、外表面温度的技术平均值。
2. 本表主要摘自国家标准图集《管道和设备保温，防结露及电伴热》（03S401）。

13）室外直埋热水管道应采用钢制内管、保温层、保护外壳结合为一体的预制保温管。保护壳应连续、完整和严密。保温层应饱满，不应有空洞。保温结构应有足够的强度并与钢管粘结为一体。

14）当直埋热水管道采用聚氨酯泡沫塑料预制保温管时，其性能应符合国家现行标准《聚氨酯泡沫塑料预制保温管》CJ/T 3002 的规定。

15）直埋热水管道保温层除应具有良好保温性能外，还应符合表 2.5.2-2 所列的耐热性及强度指标。

直埋热水管道保温层的耐热性及强度指标 **表 2.5.2-2**

项　目	指　标	项　目	指　标
耐热性	不低于设计工作温度	剪切强度（含与内管和外壳粘结）	≥120kPa
抗压强度	≥200kPa		

16）室外直埋热水管道的敷设施工单位应具备相应的专业安装资质。

（2）保温层的厚度确定：

1）保温层的“经济厚度”应经传热计算或试验确定。仅在无条件使用“经济厚度”公式时方可按“保温后允许表面散热损失法”计算。直埋热水管道的最小厚度应满足制造工艺要求或不应小于 25mm。

2）当处于寒冷地区或计算厚度过大时可采用电伴热等措施。

3）当热水供、回水管、热媒水采用柔性泡沫橡塑、离心玻璃棉、硬聚氨酯泡沫塑料等材料作为保温层时，可按表 2.5.2-3～表 2.5.2-6 确定管道保温层厚度。

4）水加热器、热水分（集）水器、热水箱、开水器等设备采用如下材料作为保温层时，经济厚度可按表 2.5.2-3 采用。

各种材料的经济厚度　　表 2.5.2-3

保温材料	介质温度（℃）/经济厚度（mm）				
	50	60	65	70	100
柔性泡沫橡塑	60	70	80	80	100
离心玻璃棉	90	110	120	120	150
硬聚氨酯泡沫塑料	70	80	90	90	—

注：表中的保温厚度按以下原则确定：

① 以经济厚度计算确定，还贷 5 年，利息 6.93%，投资贷款年分摊率 S 为 24.34%。

② 保温材料导热系数 λ[W/(m·℃)]：

柔性泡沫橡塑：$\lambda=0.03375+0.0001375T_m$；

离心玻璃棉：$\lambda=0.031+0.00017T_m$；

硬聚氨酯泡沫塑料：$\lambda=0.0275+0.00014T_m$。

③ 柔性泡沫橡塑造价：管壳 3300 元/m^3；离心玻璃棉造价：管壳 1500 元/m^3；硬质聚氨酯泡沫塑料造价：管壳 2000 元/m^3。造价包括辅材与安装人工等。（截至 2007 年 4 月价格）

④ 室内环境温度按 20℃计，风速按 0m/s 计。

⑤ 常年运行按 8000h 计。

⑥ 以天然气为燃料，按热价 85 元/GJ 进行计算。

⑦ 当选用其他保温材料或导热系数与本表所列数值相差较大时，保温厚度应按下式修正：

$$\delta' = \delta \frac{\lambda'}{\lambda}$$

式中　δ'——修正后的保温层厚度（mm）；

δ——计算或查表得到的保温层最小厚度（mm）；

λ'——实际选用保温材料的导热系数[W/(m·K)]；

λ——计算或表中所用保温材料的导热系数[W/(m·K)]。

⑧ 使用条件变化较大时，须重新计算。当能源价格和保温材料价格变化较大时，保温厚度须调整。

柔性泡沫橡塑经济厚度　　表 2.5.2-4

<table>
<tr><th rowspan="2">金属管道外径（mm）</th><th colspan="5">介质温度（℃）/经济厚度（mm）</th></tr>
<tr><th>30</th><th>50</th><th>60</th><th>65</th><th>70</th></tr>
<tr><td>15</td><td rowspan="4">22</td><td>32</td><td>36</td><td rowspan="2">40</td><td>40</td></tr>
<tr><td>20</td><td rowspan="3">36</td><td rowspan="2">40</td><td rowspan="3">45</td></tr>
<tr><td>25</td><td rowspan="3">45</td></tr>
<tr><td>32</td></tr>
<tr><td>40</td><td rowspan="4">25</td><td rowspan="3">40</td><td rowspan="2">50</td></tr>
<tr><td>50</td><td rowspan="3">50</td></tr>
<tr><td>65</td><td rowspan="3">50</td><td rowspan="3">55</td></tr>
<tr><td>80</td><td rowspan="3">45</td></tr>
<tr><td>100</td><td rowspan="4">28</td><td rowspan="3">55</td></tr>
<tr><td>125</td><td rowspan="3">55</td><td rowspan="2">60</td></tr>
<tr><td>150</td><td rowspan="2">50</td></tr>
<tr><td>200</td><td>60</td><td>70</td></tr>
</table>

注：同表 2.5.2-3。

离心玻璃棉经济厚度 **表 2.5.2-5**

<table>
<tr><th rowspan="2">金属管道外径
(mm)</th><th colspan="5">最高介质温度(℃)/经济厚度(mm)</th></tr>
<tr><th>30</th><th>50</th><th>60</th><th>65</th><th>70</th></tr>
<tr><td>15</td><td rowspan="3">30</td><td>45</td><td>50</td><td rowspan="3">60</td><td rowspan="2">60</td></tr>
<tr><td>20</td><td rowspan="2">50</td><td rowspan="4">60</td></tr>
<tr><td>25</td><td rowspan="4">70</td></tr>
<tr><td>32</td><td rowspan="4">35</td><td rowspan="5">60</td><td rowspan="4">70</td></tr>
<tr><td>40</td></tr>
<tr><td>50</td><td rowspan="3">70</td></tr>
<tr><td>65</td><td rowspan="3">80</td></tr>
<tr><td>80</td><td rowspan="4">40</td><td rowspan="4">80</td></tr>
<tr><td>100</td><td rowspan="4">70</td><td rowspan="4">80</td></tr>
<tr><td>125</td><td rowspan="3">90</td></tr>
<tr><td>150</td></tr>
<tr><td>200</td><td>45</td><td>90</td></tr>
</table>

注：同表 2.5.2-3。

硬聚氨酯泡沫塑料经济厚度 **表 2.5.2-6**

<table>
<tr><th rowspan="2">金属管道外径
(mm)</th><th colspan="5">最高介质温度(℃)/经济厚度(mm)</th></tr>
<tr><th>30</th><th>50</th><th>60</th><th>65</th><th>70</th></tr>
<tr><td>15</td><td rowspan="5">26</td><td rowspan="3">40</td><td>40</td><td rowspan="2">45</td><td>45</td></tr>
<tr><td>20</td><td rowspan="2">45</td><td rowspan="2">50</td></tr>
<tr><td>25</td><td rowspan="2">50</td></tr>
<tr><td>32</td><td rowspan="3">45</td><td rowspan="3">50</td><td rowspan="2">55</td></tr>
<tr><td>40</td><td rowspan="2">55</td></tr>
<tr><td>50</td><td rowspan="4">30</td><td rowspan="3">60</td></tr>
<tr><td>65</td><td rowspan="3">50</td><td rowspan="2">55</td><td rowspan="3">60</td></tr>
<tr><td>80</td></tr>
<tr><td>100</td><td rowspan="3">60</td><td rowspan="3">70</td></tr>
<tr><td>125</td><td rowspan="3">35</td><td rowspan="3">55</td><td rowspan="3">70</td></tr>
<tr><td>150</td></tr>
<tr><td>200</td><td>70</td><td>80</td></tr>
</table>

注：同表 2.5.2-3。

5）保温层结构应包括保温层和保护层。对于设备，还应增设防潮层；对于地沟内管道和设备的保温结构，宜增设防潮层。保护层必须切实起到保护保温层的作用，即应具有阻挡环境的影响和防止外力损坏保温层的能力，以延长保温结构的寿命，并使保温结构外形整齐美观。

6）保护层材料应具有防水性（室外防止雨水渗入保温结构）、防湿性、不燃性和自熄性（其燃烧性能应与保温层的燃烧性能相一致）、化学稳定性好、机械强度高、不易开裂、使用年限长等性能。

7）穿越楼板或墙体处的管道保温结构应连续完整。

8）保温层结构做法见国家标准图集《管道和设备保温、防结露及电伴热》（03S401）、《热水管道直埋敷设》（05R410）。

(3) 管道电伴热保温:

1) 适用条件:

①适用于建筑室内给排水金属管道及设备的保温;

②循环热水供应系统中干、立管循环困难的管段可采用管道自控电伴热保温措施;

③循环热水供应系统中，对支管热水温度有要求但循环难以实现或不适合时的支管管段可采用管道电伴热保温措施。

2) 选用注意事项:

在选择电伴热产品时，要从适用性、经济性、供电条件、最高介质维持温度、当地最低环境温度、周围有无腐蚀性环境等因素给予综合考虑，具体应考虑:

①按照所应用的环境(如是否埋设或有腐蚀性气体等)等因素，确定所需电伴热产品的结构(屏蔽型或加强型);

②按照循环管道所需的最高维持温度、管道最高偶然性的操作温度及环境最低维持温度，选定电伴热产品的发热温度等级和耐温等级;

③按照供电条件、电网负荷情况及单一电源电伴热带的最大使用长度，选定电压等级(220V、380V等);

④依据需电伴热管道单位长度的散热量或容器设备单位面积上散热量，确定所需电伴热产品的单位功率(W/m或W/m^2)和长度(m)。

3) 采用的管道电伴热保温措施不能替代应有的保温结构。电伴热保温系统的应用、施工与验收要求，详见国家标准图集《管道和设备保温、防结露及电伴热》(03S401)有关“电伴热保温”的内容。

(4) 太阳能生活热水系统保温措施详见第5.1.5条第8款。

2.6 材料与设备

2.6.1 一般规定

加热等用能设备应采用节能型产品或效率高、能耗低的产品，严禁使用已被明令禁止生产、使用的能耗高、效率低的设备。主要用能设备和系统应实现经济运行，符合相应技术标准的规定。应重视对余热、余能资源回收利用。宜推广化学建材。

2.6.2 给水塑料管

1. 给水塑料管材的分类:

(1) 给水塑料管材按组成的塑料材质分类如下:

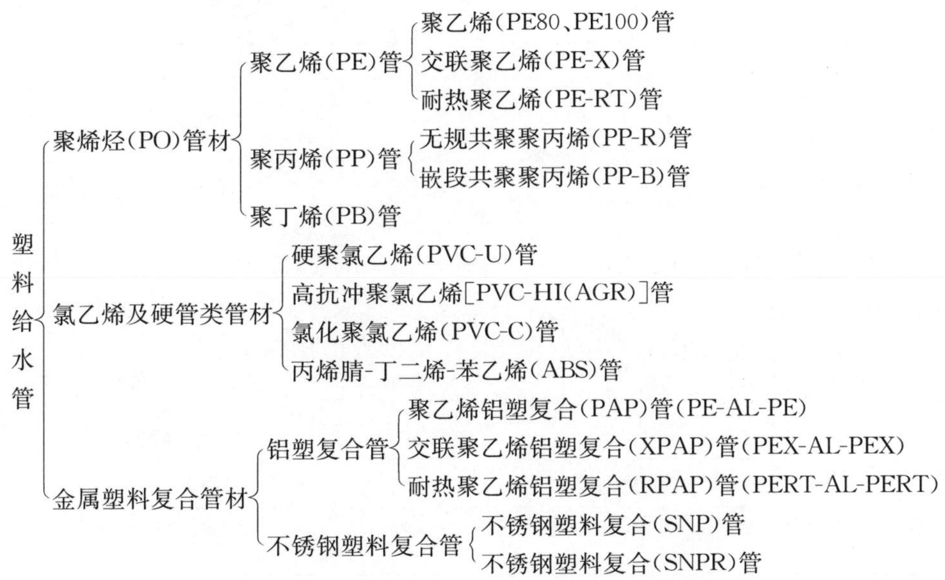

(2) 根据管材长期工作50年使用寿命，按输水介质温度分类如下：

- 塑料给水管
  - 冷水管材
    - 聚乙烯(PE80、PE100)管
    - 嵌段共聚聚丙烯(PP-B)管
    - 硬聚氯乙烯(PVC-U)管
    - 高抗冲聚氯乙烯[PVC-HI(AGR)]管
    - 丙烯腈-丁二烯-苯乙烯(ABS)管
    - 聚乙烯铝塑复合(PAP)管(PE-AL-PE)
    - 不锈钢塑料复合(SNP)管
  - 热水管材
    - 交联聚乙烯(PE-X)管
    - 耐热聚乙烯(PE-RT)管
    - 无规共聚聚丙烯(PP-R)管
    - 聚丁烯(PB)管
    - 交联聚乙烯铝塑复合(XPAP)管(PEX-AL-PEX)
    - 耐热聚乙烯铝塑复合(RPAP)管(PERT-AL-PERT)
    - 不锈钢塑料复合(SNPR)管

2. 给水塑料管材的性能：

(1) 管材的物理力学性能

1) 给水聚烯烃 (PO) 管材在工程应用中，其主要物理力学性能宜符合表2.6.2-1的规定。

聚烯烃 (PO) 管材的主要物理力学性能　　表2.6.2-1

管材种类 / 性能项目	聚烯烃(PO)类					
	聚乙烯(PE)管			聚丙烯(PP)管		聚丁烯(PB)管
	聚乙烯(PE80、PE100)管	交联聚乙烯(PE-X)管	耐热聚乙烯(PE-RT)管	嵌段共聚聚丙烯(PP-B)管	无规共聚聚丙烯(PP-R)管	
管材规格 *dn* (mm)	20～160	20～160	20～160	20～110 (160)	20～110 (160)	16～160
适用范围	冷水	冷水、热水	冷水、热水	冷水	冷水、热水	冷水、热水
密度 (g/cm^3)	0.93～0.96			0.89～0.91		0.93
导热系数 [W/(m・K)]	0.40～0.42			0.23～0.24		0.22
线膨胀系数 [mm/(m・℃)]	0.20			0.14～0.16		0.13
弹性模量(20℃) (MPa)	600～800			～1000	～800	350
材质系数 *K*	27	20	27	20		10
温度适用范围 (℃)	−60～40	−60～95	−60～60	0～40	0～70	−20～95
长期使用温度 (℃)	≤40	≤75	≤60	≤40	≤70	≤75
耐燃性	易燃			易燃		易燃
断裂伸长率 (%)	≥350			≥350		≥125

续表

管材种类 / 性能项目	聚烯烃(PO)类					
	聚乙烯(PE)管			聚丙烯(PP)管		聚丁烯(PB)管
	聚乙烯(PE80、PE100)管	交联聚乙烯(PE-X)管	耐热聚乙烯(PE-RT)管	嵌段共聚聚丙烯(PP-B)管	无规共聚聚丙烯(PP-R)管	
纵向回缩率(%)	≤3			≤2		≤2
拉伸强度(20℃)(MPa)						≥17
管件材质	与管材同质	金属	与管材同质	与管材同质		与管材同质
连接方式	热熔(SW)、电熔(EF)	机械(M)	热熔(SW)、电熔(EF)	热熔(SW)、电熔(EF)		热熔(SW)、电熔(EF)

注：1. 表中20℃的拉伸强度、弹性模量均为参考值。
2. 聚乙烯(PE)管、聚丁烯(PB)管等低温抗冲性能优良。

2）给水氯乙烯及硬管类管材在工程应用中，其主要物理力学性能宜符合表2.6.2-2的规定。

氯乙烯及硬管类管材的主要物理力学性能 **表2.6.2-2**

管材种类 / 性能项目	氯乙烯及硬管类			
	氯乙烯类(PVC)管			丙烯腈-丁二烯-苯乙烯(ABS)管
	硬聚氯乙烯(PVC-U)管	氯化聚氯乙烯(PVC-C)管	高抗冲聚氯乙烯[PVC-HI(AGR)]管	
管材规格 dn (mm)	20～200	20～160	20～110	20～160
适用范围	冷水	冷水、热水	冷水	冷水
密度(g/cm^3)	1.40～1.45	1.45～1.65	1.40～1.45	1.00～1.07
导热系数[W/(m·K)]	0.16	0.14	0.15	0.26
线膨胀系数[mm/(m·℃)]	0.07	0.06	0.06	0.11
弹性模量(20℃)(MPa)		3500	2800	
材质系数 K	30	34	33	30
温度适用范围(℃)	−10～40	−15～90	−30～50	−10～50
长期使用温度(℃)	≤40	≤75	≤40	≤40
耐燃性	自熄			易燃
断裂伸长率(%)	≥80		≥140	

续表

管材种类 / 性能项目	氯乙烯及硬管类			
	氯乙烯类(PVC)管			丙烯腈-丁二烯-苯乙烯(ABS)管
	硬聚氯乙烯(PVC-U)管	氯化聚氯乙烯(PVC-C)管	高抗冲聚氯乙烯[PVC-HI(AGR)]管	
纵向回缩率(%)	≤5			≤5
拉伸强度(20℃)(MPa)	42～45	48～50	51～52	
维卡软化温度(℃)	≥80	≥110		≥90
管件材质	与管材同质			
连接方式	溶剂型胶粘剂粘结、弹性密封圈连接			

注：1. 表中 20℃的拉伸强度、弹性模量均为参考值。

2. 高抗冲聚氯乙烯[PVC-HI(AGR)]管低温抗冲性能优良。

3）给水金属塑料复合管材在工程应用中，其主要物理力学性能宜符合表 2.6.2-3 的规定。

金属塑料复合管材的主要物理力学性能　　表 2.6.2-3

管材种类 / 性能项目	金属塑料复合管			
	铝塑复合管		不锈钢塑料复合管	
	冷水管 PAP (PE-AL-PE)	热水管 XPAP (PEX-SL-PEX)	冷水管 SNP	热水管 SNPR
管材规格	16～75	16～75	16～160	16～160
导热系数[W/(m·K)]	0.45		0.40～0.45	
线膨胀系数[mm/(m·℃)]	0.025		0.012	
材质系数 K	30			
温度适用范围(℃)	−60～40	−60～95	−20～40	−20～95
长期使用温度(℃)	≤40	≤75	≤40	≤75
耐燃性	自熄		难燃	
拉伸强度 20℃(MPa)	≥15(HDPE)	≥21(PEX)		
管件材质	金属		金属 PVC-U 管件	金属
连接方式	机械(M)		机械(M)粘接	机械(M)

注：表中 20℃的拉伸强度为参考值。

（2）管材和管件的卫生性能：

给水塑料管材和管件的卫生性能应符合《生活饮用水输配水设备及防护材料卫生安全评价规范》（GB/T 17219—1998）的规定。

3. 给水塑料管材的标准：

给水塑料管材应符合以下产品标准和工程技术标准的有关要求：

（1）通用标准：

1）产品标准：《流体输送用热塑性塑料管材　公称外径和公称压力》（GB/T 4217—2008）、《热塑性塑料管材通用壁厚表》（GB/T 10798—2001）、《热塑性塑料压力管材和管件用材料分级和命名　总体使用（设计）系数》（GB/T 18475—2001）、《冷热水系统用热塑性塑料管材和管件》（GB/T 18991—2003）；

2）工程技术标准：上海市工程建设规范《建筑给水塑料管道工程技术规程》（DG/T J08—309—2005）。

（2）聚乙烯类[PE（PE80、PE100）、PE-X、PE-RT]：

1）产品标准：《给水用聚乙烯（PE）管材》（GB/T 13663—2000）、《冷热水用交联聚乙烯（PE-X）管道系统》（GB/T 18992.1.2—2003）、《建筑给水交联聚乙烯（PE-X）管材》（CJ/T 205—2000）、《建筑给水交联聚乙烯（PE-X）管用管件技术条件》（CJ/T 138—2001）、《冷热水用耐热聚乙烯（PE-RT）管道系统》（CJ/T 175—2002）；

2）工程技术标准：《建筑给水聚乙烯类管道工程技术规程》（CJJ/T 98—2003）。

（3）聚丙烯类（PP-B、PP-R）：

1）产品标准：《冷热水用聚丙烯管道系统》（GB/T 18742.1～3—2002）；

2）工程技术标准：《建筑给水聚丙烯管道工程技术规程》（GB/T 50349—2005）。

（4）聚丁烯（PB）：

1）产品标准：《冷热水用聚丁烯（PB）管道系统》（GB/T 19473.1～3—2004）；

2）工程技术标准：上海市建筑产品推荐性应用标准《建筑给水聚丁烯（PB）管道工程技术规程》（DBJ/CT 508—2001）。

（5）氯乙烯及硬质管类[PVC-U、PVC-C、PVC-HI（AGR）、ABS]：

1）产品标准：《给水用硬聚氯乙烯（PVC-U）管材》（GB/T 10002.1—2006）、《给水用硬聚氯乙烯（PVC-U）管件》（GB/T 10002.2—2003）、《冷热水用氯化聚氯乙烯（PVC-C）管道系统》（GB/T 18993.1～3—2003）、《给水用丙烯酸共聚聚氯乙烯管材及管件》（CJ/T 218—2005）、《丙烯腈-丁二烯-苯乙烯（ABS）压力管道系统》（GB/T 20207.1～2—2006）；

2）工程技术标准：中国工程建设标准化协会标准《建筑给水硬聚氯乙烯管道设计与施工验收规程》（CECS 41：2004）、《建筑给水氯化聚氯乙烯（PVC-C）管道工程技术规程》（CECS 136：2002）。

（6）金属塑料复合管类（PAP、SNP）：

1）产品标准：《铝塑复合压力管》（GB/T 18997—2003）、《铝塑复合压力管（搭接焊）》（CJ/T 108—1999）、《铝塑复合压力管（对接焊）》（CJ/T 159—2006）、《铝塑复合管用卡压式管件》（CJ/T 190—2004）、《不锈钢塑料复合（SNP）管材》（CJ/T 184—2003）；

2）工程技术标准：《建筑给水铝塑复合管管道技术规程》（CECS 105：2000）。

4. 给水塑料管道的工作压力：

（1）给水塑料管道应根据材料 50 年使用寿命的应用级别、工作压力等因素合理选用。不同应用级别材料的最小要求强度、总体使用系数、最大允许工作压力、公称压力，以及管材的管系列 S（或标准尺寸比 SDR）与公称壁厚、公称外径之间的关系，可通过以下公式计算得出：

1）管材的设计应力 σ_s 与材料最小要求强度、总体使用（设计）系数的关系如下：

$$\sigma_s = \frac{MRS}{C} \tag{2.6.2-1}$$

式中　σ_s——管材设计应力（MPa），在规定应用条件下的允许应力；

MRS——材料最小要求强度（MPa），MRS 是单位为 MPa 的环应力值；

C——总体使用（设计）系数，一个大于 1 的数值。20℃时的 C 应等于或大于表 2.6.2-4 中规定的最小值，确定 C 时还应考虑：①产品承受其他应力以及应用中可能会出现的不易量化的作用（如动负荷等）；②温度、时间、管内外环境与 20℃、50 年、水的条件不一致的情况；③温度不是 20℃的 MRS 的相关标准。

C 的最小值　　　　表 2.6.2-4

材　　料	C 的最小值	材　　料	C 的最小值
ABS	1.6	PP（共聚）	1.25
PB	1.25	PP（均聚）	1.6
PE（各种类型）	1.25	PVC-C	1.6
PE-X	1.25	PVC-U	1.6

2）标准尺寸比 SDR 可由式（2.6.2-2）或式（2.6.2-3）计算得出：

$$SDR=\frac{2\times MRS}{C\times P_{PMS}}+1 \tag{2.6.2-2}$$

$$SDR=\frac{2\times\sigma_s}{P_{PMS}}+1 \tag{2.6.2-3}$$

式中　SDR——标准尺寸比，管材公称外径与公称壁厚之比；

P_{PMS}——最大允许工作压力（MPa），是考虑总体使用（设计）系数 C 后确定的管材允许压力。

3）根据 SDR，用产品标准中规定的 MRS 和 C，可以按式（2.6.2-4）或式（2.6.2-5）算出最大允许工作压力 P_{PMS}：

$$P_{PMS}=\frac{2\times MRS}{C\times(SDR-1)} \tag{2.6.2-4}$$

$$P_{PMS}=\frac{2\times\sigma_s}{SDR-1} \tag{2.6.2-5}$$

4）管材的公称压力 PN 与设计应力 σ_s、标准尺寸比 SDR 之间关系如下：

$$PN=\frac{2\times\sigma_s}{(SDR-1)} \tag{2.6.2-6}$$

式中　PN——管材公称压力（MPa）。

5）静液压应力 σ 与压力、壁厚和外径的关系如下：

$$\sigma=\frac{P(d-e)}{2e} \tag{2.6.2-7}$$

式中　σ——静液压应力（MPa），管材充满有压液体时管壁所受到的应力；

P——静液压压力（MPa）；

d——管材的外径（mm）；

e——管材的壁厚（mm）。

6）标准尺寸比 SDR 与管系列 S 的关系如下：

$$S=\frac{SDR-1}{2} \tag{2.6.2-8}$$

式中　S——管系列，是与管材的公称外径和工程壁厚有关的无因次值。

7）压力管材的壁厚可通过式（2.6.2-9）计算得出：

$$en=\frac{1}{2S+1}\times dn \tag{2.6.2-9}$$

式中　en——管材的公称壁厚（mm）；

dn——管材的公称外径（mm）。

（2）全塑给水管：

1）不同材质的全塑冷水管，在20℃以上温度连续使用时，其工作压力应为管材公称压力乘以温度对压力的折减系数 *f*。全塑冷水管材在50年寿命要求、40℃以下温度时对压力的折减系数见表2.6.2-5。全塑冷水管材的不同 *S* 系列或 *SDR* 系列按50年寿命要求，不同工作温度对应的最大工作压力，应符合表2.6.2-6的规定。

全塑冷水管工作温度对压力的折减系数 *f*　　表2.6.2-5

管材品种 \ 工作温度	<20℃	>20℃ ≤30℃	>30℃ ≤40℃
硬聚氯乙烯(PVC-U)管	1.0	0.87	0.74
丙烯腈-丁二烯-苯乙烯(ABS)管	1.0	0.80	0.63
高抗冲聚氯乙烯[PVC-HI(AGR)]管	1.0	0.87	0.74
聚乙烯(PE80、PE100)管	1.0	0.87	0.74

全塑冷水管不同温度下的最大工作压力(MPa)　　表2.6.2-6

工作温度及管材种类 \ *S*/*SDR*		*S*12.5	*S*10	*S*8	*S*6.3	*S*5	*S*4	*S*3.2
		*SDR*26	*SDR*21	*SDR*17	*SDR*13.6	*SDR*11	*SDR*9	*SDR*7.4
<20℃	PVC-U	0.80	1.00	1.25	1.60	2.00	—	—
	PVC-HI(AGR)	—	1.00	1.25	1.60	2.00	—	—
	ABS	—	1.00	1.25	1.60	2.00	—	—
	PE80	—	—	—	1.00	1.25	1.60	—
	PE100	—	—	—	1.25	1.60	—	—
>20℃ ≤30℃	PVC-U	0.70	0.87	1.08	1.40	1.74	—	—
	PVC-HI(AGR)	0.70	0.87	1.08	1.40	1.74	—	—
	PVC-C	—	0.87	1.08	1.40	1.74	—	—
	ABS	—	0.80	1.00	1.28	1.60	—	—
	PE80	—	—	—	0.87	1.08	1.39	—
	PE100	—	—	—	1.08	1.39	—	—
	PE-X	—	—	—	1.07	1.34	1.69	2.13
	PE-RT	—	—	—	1.02	1.29	1.61	2.01
	PB	—	1.00	1.25	1.60	2.00	—	—
>30℃ ≤40℃	PVC-U	—	0.74	0.93	1.18	1.48	1.60	—
	PVC-HI(AGR)	—	0.74	0.93	1.18	1.48	1.60	—
	ABS	—	0.64	0.79	1.00	1.26	1.54	—
	PE80	—	—	—	0.74	0.92	1.18	—
	PE100	—	—	—	0.92	1.18	—	—
	PE-X	—	—	—	0.95	1.19	1.36	1.89
	PE-RT	—	—	—	0.89	1.12	1.40	1.75
	PP-B	—	—	—	—	0.60	0.80	1.00
	PP-R	—	—	—	—	0.80	1.00	—

2）全塑热水管材不同 S 系列或 SDR 系列按 50 年寿命要求，不同级别时的最大工作压力，应符合表 2.6.2-7 的规定。

全塑热水管不同级别时的最大工作压力(MPa)　　　　**表 2.6.2-7**

管材种类	S/SDR	*S*8	*S*6.3	*S*5	*S*4	*S*3.2	*S*2.5	*S*2
		*SDR*17	*SDR*13.6	*SDR*11	*SDR*9	*SDR*7.4	*SDR*6	*SDR*5
级别 1（60℃）	PB	0.60	0.80	1.25	1.60	2.00		
	PE-X	—	0.65	0.80	1.00	1.25		
	PE-RT	—	—	0.60	0.72	0.90	1.16	1.45
	PVC-C	—	0.60	0.86	1.08	1.45	—	—
级别 2（70℃）	PP-R	—	—	—	—	0.60	0.80	1.00
	PB	0.60	0.80	1.00	1.25	1.60	—	—
	PE-X	—	0.60	0.76	0.89	1.11	—	—
	PVC-C	—	0.60	0.80	1.00	1.36	—	—

(3) 金属塑料复合管：

1）铝塑复合(铝层对接焊形式)管的最大允许工作压力应符合表 2.6.2-8 的规定，铝塑复合(铝层搭接焊形式)管的最大允许工作压力应符合表 2.6.2-9 的规定。

铝塑复合(铝层对接焊形式)管的最大允许工作压力　　　　**表 2.6.2-8**

使用条件 / 管材类型	工作温度（℃）	铝塑管代号	允许工作压力（MPa）
冷水	≤40	三型 PAP3(PE-AL-PE)	≤1.40
		一型 XPAP1(PE-AL-PEX)、二型 XPAP2(PEX-AL-PEX)、五型 RPAP5(PERT-AL-PERT)	≤2.00
热水	≤75	一型 XPAP1(PE-AL-PEX)、二型 XPAP2(PEX-AL-PEX)、五型 RPAP5(PERT-AL-PERT)	≤1.50
	≤95		≤1.25

铝塑复合(铝层搭接焊形式)管的最大允许工作压力　　　　**表 2.6.2-9**

使用条件 / 管材类型	工作温度（℃）	铝塑管代号	允许工作压力（MPa）
冷水	≤40	PAP(PE-AL-PE)	≤1.25
热水	≤75	PAP(PE-AL-PE)	≤0.82
	≤82	PAP(PE-AL-PE)	≤0.69
	≤75	XPAP(PEX-AL-PEX)	≤1.00
	≤82	XPAP(PEX-AL-PEX)	≤0.86

2）不锈钢塑料复合冷热水管的公称压力为 1.60MPa。

5. 给水塑料管材的壁厚：

(1) 全塑给水管材壁厚尺寸规格见表 2.6.2-10。

全塑给水管材壁厚尺寸规格(mm) **表 2.6.2-10**

管材公称外径 *dn*	平均外径												
					硬聚氯乙烯(PVC-U)管 *dn*20～315								
						高抗冲聚氯乙烯[PVC-HI(AGR)]管 *dn*20～315							
								氯化聚氯乙烯(PVC-C)管 *dn*20～160					
							丙烯腈-丁二烯-苯乙烯(ABS)管 *dn*20～160(315)						
	管材类别				聚乙烯(PE80、PE100)管 *dn*20～315								
						聚丁烯(PB)管 *dn*20～110(160)							
								交联聚乙烯(PE-X)管 *dn*20～63(160)					
	氯乙烯		聚烯烃类						耐热聚乙烯(PE-RT)管 *dn*20～110(160)				
									聚丙烯(PP-R、PP-B)管 *dn*20～110(160)				
	最小	最大	最小	最大	*S*12.5	*S*10	*S*8	*S*6.3	*S*5	*S*4	*S*3.2	*S*2.5	*S*2
					*SDR*26	*SDR*21	*SDR*17	*SDR*13.6	*SDR*11	*SDR*9	*SDR*7.4	*SDR*6	*SDR*5
16			16	16.3	—	—	—	1.8	1.8 (2.0)	1.8 (2.0)	2.2	2.7	3.3
20	20	20.2	20	20.3	—	2.0	2.0	1.9 (2.0)	1.9 (2.0)	2.3	2.8	3.4	4.1
25	25	25.2	25	25.3	—	2.0	2.0	1.9 (2.0)	2.3	2.8	3.5	4.2	5.1
32	32	32.2	32	32.3	—	2.0	2.0	2.4	2.9	3.6	4.4	5.4	6.5
40	40	40.2	40	40.4	—	2.0	2.4	3.0	3.7	4.5	5.5	6.7	8.1
50	50	50.2	50	50.5	2.0	2.4	3.0	3.7	4.6	5.6	6.9	8.3	10.1
63	63	63.2	63	63.6	2.5	3.0	3.8	4.7	5.8	7.1	8.6	10.5	12.7
75	75	75.3	75	75.7	2.9	3.6	4.5	5.6	6.8	8.4	10.3	12.5	15.1
90	90	90.3	90	90.9	3.5	4.3	5.4	6.7	8.2	10.1	12.3	15.0	18.1
110	110	110.4	110	111.0	4.2	5.3	6.6	8.1	10.0	12.3	15.1	18.3	22.1
125	125	125.4	125	126.2	4.8	6.0	7.4	9.2	11.4	14.0	17.1	20.8	25.1
160	160	160.5	160	161.5	6.2	7.7	9.5	11.8	14.6	17.9	21.9	26.6	32.1
200	200	200.6	200	201.8	7.7	9.6	11.9	14.7	18.2	—	—	—	—
250	250	250.8	250	252.3	9.6	11.9	14.8	18.4	22.7	—	—	—	—
315	315	316.0	315	317.9	12.1	15.0	18.7	23.2	28.6	—	—	—	—

注：1. 本表全塑给水管材的壁厚按《热塑性塑料通用壁厚表》(GB/T 10798—2001) 列出。

2. 表内对 $dn \geqslant 20$mm 的管材，PVC-U 管最小壁厚为 2.0mm，PE 管最小壁厚为 2.3mm。

3. 表中(　)内壁厚仅为 PE-X、PB 类管材。

4. 聚烯烃类管材的最大平均外径按聚乙烯 PE 产品标准等级 A 列出。

（2）铝塑复合管搭接焊、对接焊(PAP)管材规格及结构尺寸见表 2.6.2-11 和表 2.6.2-12。

搭接焊铝塑复合管规格及结构尺寸(mm)　　**表 2.6.2-11**

<table>
<tr><th rowspan="2">公称外径
dn</th><th rowspan="2">计算内径
dj</th><th colspan="2">平均外径及公差</th><th colspan="2">圆度</th><th colspan="2">管壁厚</th></tr>
<tr><th>平均外径</th><th>公差</th><th>盘管</th><th>直管</th><th>最小值</th><th>公差</th></tr>
<tr><td>16</td><td>12.1</td><td>16.0</td><td rowspan="6">+0.30</td><td>≤1.0</td><td>≤0.5</td><td>1.7</td><td rowspan="4">+0.50</td></tr>
<tr><td>20</td><td>15.7</td><td>20.0</td><td>≤1.2</td><td>≤0.6</td><td>1.9</td></tr>
<tr><td>25</td><td>19.9</td><td>25.0</td><td>≤1.5</td><td>≤0.8</td><td>2.3</td></tr>
<tr><td>32</td><td>25.7</td><td>32.0</td><td>≤2.0</td><td>≤1.0</td><td>2.9</td></tr>
<tr><td>4</td><td>31.6</td><td>40.0</td><td>≤2.4</td><td>≤1.2</td><td>3.9</td><td>+0.60</td></tr>
<tr><td>50</td><td>40.5</td><td>50.0</td><td>≤3.0</td><td>≤1.5</td><td>4.4</td><td>+0.70</td></tr>
<tr><td>63</td><td>50.5</td><td>63.0</td><td>+0.40</td><td>≤3.8</td><td>≤1.9</td><td>5.8</td><td>+0.90</td></tr>
<tr><td>75</td><td>59.3</td><td>75.0</td><td>+0.60</td><td>≤4.5</td><td>≤2.3</td><td>7.3</td><td>+1.10</td></tr>
</table>

对接焊铝塑复合管规格及结构尺寸(mm)　　**表 2.6.2-12**

<table>
<tr><th rowspan="2">公称外径
dn</th><th rowspan="2">计算内径
dj</th><th colspan="2">平均外径及公差</th><th colspan="2">圆度</th><th colspan="2">管壁厚</th></tr>
<tr><th>平均外径</th><th>公差</th><th>盘管</th><th>直管</th><th>最小值</th><th>公差</th></tr>
<tr><td>16</td><td>10.9</td><td>16.0</td><td rowspan="4">+0.3</td><td>≤1.0</td><td>≤0.5</td><td>2.3</td><td rowspan="4">+0.50</td></tr>
<tr><td>20</td><td>14.5</td><td>20.0</td><td>≤1.2</td><td>≤0.6</td><td>2.5</td></tr>
<tr><td>25</td><td>18.5
(19.5)</td><td>25.0
(26.0)</td><td>≤1.5</td><td>≤0.8</td><td>3.0</td></tr>
<tr><td>32</td><td>25.5</td><td>32.0</td><td>≤2.0</td><td>≤1.0</td><td rowspan="2">3.5</td></tr>
<tr><td>40</td><td>32.4</td><td>40.0</td><td>+0.4</td><td>≤2.4</td><td>≤1.2</td><td rowspan="2">+0.60</td></tr>
<tr><td>50</td><td>41.4</td><td>50.0</td><td>+0.5</td><td>≤3.0</td><td>≤1.5</td><td>4.0</td></tr>
</table>

（3）不锈钢塑料复合(SNP)管材规格及允许偏差见表 2.6.2-13。

不锈钢塑料复合(SNP)管材规格及允许偏差(mm)　　**表 2.6.2-13**

<table>
<tr><th colspan="2">外　径</th><th colspan="2">总厚度</th><th colspan="2">不锈钢层</th><th rowspan="2">不圆度</th></tr>
<tr><th>公称外径
dn</th><th>允许偏差</th><th>总厚度</th><th>允许偏差</th><th>壁厚</th><th>允许偏差</th></tr>
<tr><td>16</td><td>+0.20
−0.10</td><td>2.0</td><td>+0.30
0</td><td>0.30</td><td>±0.02</td><td rowspan="4">0.013dn</td></tr>
<tr><td>20</td><td>+0.20
−0.10</td><td>2.0</td><td>+0.30
0</td><td>0.30</td><td>±0.02</td></tr>
<tr><td>25</td><td>+0.20
−0.10</td><td>2.5</td><td>+0.30
0</td><td>0.30</td><td>±0.02</td></tr>
<tr><td>32</td><td>+0.20
−0.10</td><td>3.0</td><td>+0.30
0</td><td>0.40</td><td>±0.02</td></tr>
<tr><td>40</td><td>+0.22
−0.10</td><td>3.5</td><td>+0.40
0</td><td>0.40</td><td>±0.02</td><td rowspan="3">0.015dn</td></tr>
<tr><td>50</td><td>+0.25
−0.10</td><td>4.0</td><td>+0.40
0</td><td>0.40</td><td>±0.02</td></tr>
<tr><td>63</td><td>+0.25
−0.10</td><td>5.0</td><td>+0.50
0</td><td>0.50</td><td>±0.02</td></tr>
</table>

续表

外径		总厚度		不锈钢层		不圆度
公称外径 dn	允许偏差	总厚度	允许偏差	壁厚	允许偏差	
75	+0.30 −0.15	6.0	+0.50 0	0.50	±0.02	0.017dn
90	+0.40 −0.20	7.0	+0.60 0	0.60	±0.02	
110	+0.50 −0.20	8.0	+0.60 0	0.60	±0.02	
125	+0.60 −0.20	9.0	+0.70 0	0.80	±0.02	0.018dn
160	+0.70 −0.30	10.0	+0.80 0	0.80	±0.02	

注：以其他塑料为内层材料的复合管，其内层壁厚应采用20℃公称压力为0.6MPa的管材，外径尺寸与不锈钢塑料复合(SNP)管材一致，也可由供需双方商定。

2.6.3 设备器材

1. 应用节水、节能、高效、可靠、低阻产品：

推广使用民用建筑节能的新技术、新工艺、新材料和新设备。优先采用绿色产品、工艺。采用节水型卫生器具及管配件，节水器具使用率应达到100%。

(1) 泵类：

应根据计算进行选泵：

1) 工频泵的设计选用工况点应在水泵曲线的高效端中。

2) 各变频泵的设计选用工况点宜落在高效端的右侧，比转数适中(约为100～200)、效率高(η=83～87%或以上)、配备电动机功率相对小的水泵，采用市售成套变频供水设备时，宜分析比较后确定其是否满足节能要求。

3) 管网叠压供水系统详见第3.2节。

4) 热水循环泵：

①热水循环泵的流量和扬程应经计算确定；

②为了减少管道的热损耗、减少循环泵的开启时间，可根据管网大小、使用要求等确定合理的控制循环泵启停的温度，可比水加热设备供水温度分别降低10～15℃和5～10℃，详见第2.2节。

5) 冷却循环水泵详见第4.9节。

(2) 阀门、管件等：

1) 采用满足工作压力和工作温度等要求的优质阀门、浮球阀等配件，且应考虑管道与管件、阀门之间连接处密封性能好，材质不影响水质，管道内表面光滑、水阻力损失小、耐压耐冲击等因素，以免造成漏水、耗能等后果。

2) 给水水嘴应按表2.1.6选用。

3) 公共卫生间便器宜按表2.1.6选用。

4) 公共浴室及设公共淋浴器的场所，宜采用性能可靠、安全的恒温混合阀等阀件。

5) 大中专院校、工矿企业的公共浴室、大学生公寓、学生宿舍公用卫生间的淋浴器宜采用红外线、脚踏开关型。

6）混合水龙头是热水系统使用最多的终端配水器材，设计宜采用调节功能和密封性能好、耐久节水的产品，如带恒温装置的冷热水混合龙头。

7）集中热水供应系统设置水表的要求同给水系统。

8）选用低阻力阀门、倒流防止器等。

9）小区室外重力排水管道，应优先采用埋地排水塑料管。

①塑料管道管材环刚度可根据需要设计。

②塑料管道可采用高密度聚乙烯双壁波纹管、高密度聚乙烯缠绕结构壁管、钢带增强聚乙烯螺旋缠绕管、硬聚氯乙烯双壁波纹管、硬聚氯乙烯环形肋管、聚氯乙烯（PVC-U）管（实壁）、玻璃钢夹砂（GRP）管等。产品性能应符合相应国家或行业标准要求，设计施工应符合相应的工程技术规程要求，管周围回填土应选材合理，并达到密实度要求。

（3）水加热、换热设备：

1）优先选择高效节能型水加热设备，如贮热节能型水加热器、大波节管换热器等换热效果好、技术先进的产品。

2）选择间接水加热设备，从节能角度应考虑下列因素：

①被加热水侧阻力损失小、阻力变化小、所需循环泵扬程低，且可保证系统冷、热水压力的平衡。

②换热效果好，换热充分。

③当热媒为低温热水时，一次换热能取得大于等于50～60℃的生活热水；当热媒为蒸汽时，凝结水出水温度小于等于60℃，以充分利用热媒热量。

④热交换器死水区低于20%～25%。

⑤优先选用余热、废热利用型供热产品。

3）选择燃油燃气热水机组、热水锅炉时，应选用热效率高、排烟温度较低、燃料燃烧完全、无需消烟除尘的设备。燃油、燃气的热水锅炉或热水器，其热效率均应大于80% 。

4）选用高效环保节水型冷却塔、优化循环冷却水系统。在缺水以及气候条件适宜的地区推广空气冷却技术。（详见第4章）

5）太阳能热水系统换热设备应优先选用热效高的先进产品（详见第5.1节）。

（4）应选用性能优良的保温材料，并应确保经济有效的保温层厚度，以提高管道与设备的保温效果（含阀门、伸缩接头、热水循环泵等）。

（5）选用工作可靠性、灵敏度与可控性高的监控、计量装置。

（6）建筑小区排水用检查井应优先采用塑料排水检查井：

1）塑料排水管道系统应优先采用塑料检查井。

2）塑料检查井井座材料应以聚氯乙烯（PVC）、聚乙烯（PE）、聚丙烯（PP）等树脂为主，允许掺入与原材料相同材质的原厂回用料和增强纤维，但树脂含量（质量分数）应在80%以上。树脂应具有生产商提供的合格证明并符合相关标准。

3）与井筒连接直径≤459mm的检查井井座应整体一次成型，与井筒连接直径630mm的检查井井座可采用管材焊接成型。

4）检查井井筒材料宜采用成品埋地塑料管材并符合下列要求：

①井筒管材的环刚度应大于等于$4kN/m^2$或参见《埋地塑料排水管道施工》（04S520）。

②井筒材料应符合《无压埋地排污、排水用硬聚氯乙烯（PVC-U）管材》（GB/T 20221—2006）、《埋地排水用硬聚氯乙烯（PVC-U）结构壁管道系统　第1部分：双壁波纹管材》（GB/T 18477.1—2007）、《埋地用聚乙烯（PE）结构壁管道系统》（GB/T 19472.1～2—2004）和EN 13598.1（外径系列）标准的要求。采用其他管材时，应符合相关标准的要求。

5）管道承插接口用橡胶弹性密封圈，应由管材生产厂配套供应。特殊接口的弹性密封橡胶圈，应由检查井生产厂配套供应。管道接口用的弹性密封橡胶圈应采用氯丁橡胶或其他具有耐水腐蚀性能相似的合成橡胶，其性能应符合《橡胶密封件　给、排水管及污水管道用接口密封圈　材料规范》(HG/T 3091—2000)的要求。

注：小于 *DN*200 直壁管，可采用承插式粘接接口。

6) 检查井接口的胶粘剂应由检查井生产厂配套供应，接口以外其他用途的胶粘剂，必须是适用于该管材的溶剂型胶粘剂。胶粘剂的质量及粘接强度应符合现行行业标准《硬聚氯乙烯(PVC-U)塑料管道系统用溶剂型胶粘剂》(QB/T 2568)的规定。

7) 在车道上的检查井井盖应选用有防护盖座的井盖。在道路上选井盖，还要根据道路通行车辆的类型选用不同等级的井盖。

(7) 工业建筑用水单位应采用节水、节能的先进生产技术、工艺和设备。

2. 禁用淘汰、低效产品：

限制使用或者禁止使用能源消耗高的技术、工艺、材料和设备。

(1) 泵及电动机不得使用国家规定的淘汰产品。

(2) 禁止使用选用国家明令淘汰的耗水量高或未通过节水产品认证的用水器具(水嘴、坐便器等)。

(3) 民用建筑中生活给水管道禁止设计、使用镀锌钢管。

(4) 城镇新建住宅中淘汰砂模铸造排水铸铁管。

(5) 保温材质不宜选用石棉材料及制品。

(6) 小区建设工程中禁止设计、使用埋地铸铁排水管和水泥排水管。宜限制应用砖砌检查井。

(7) 优化循环冷却水系统，加快淘汰冷却效率低、用水量大的冷却池、喷水池等冷却构筑物。淘汰低效反冲洗水量大的旁滤设施。逐步淘汰浓缩倍数小于 3 的水处理运行技术。限制使用高磷锌水处理技术。

(8) 附录：《建设部关于发布建设事业“十一五”推广应用和限制禁止使用技术(第一批)的公告》(中华人民共和国建设部公告第 659 号)以及上海市城乡建设和交通委员会关于公布《上海市禁止或者限制生产和使用的用于建设工程的材料目录》(第三批)的通知(沪建交[2008]1044 号)。推广应用技术部分见附录 A，限制使用技术部分见附录 B，上海市禁止或限制使用材料部分见附录 C。

3 变频调速和管网叠压供水

3.1 变频调速

3.1.1 变频调速供水近年得到推广应用，从节能考虑，系统宜有一定的用水量规模。

3.1.2 给水系统中管网的阻力损失较小时，变频调速供水宜采用恒压变流量方式运行。

集中供水的居住小区和中小型水厂，变频调速供水宜采用变压变流量方式运行。

3.1.3 变频调速供水泵(组)的设计流量，应按下列规定确定：

1. 单幢建筑物的设计流量，应按设计秒流量确定；

2. 居住小区的设计流量，按《建筑给水排水设计规范》(GB 50015—2003)第 3.6.1 条确定；

3. 公共建筑群的设计流量，可根据其性质、规模和供水安全等情况，参照居住小区配套设施的计算方法确定。

3.1.4 变频调速供水泵(组)的设计扬程，按下式计算：

$$H_j = 0.01H_1 + H_2 + H_0 \tag{3.1.4}$$

式中 H_j——变频调速供水泵(组)的设计扬程(MPa)；

H_1——最不利配水点与水池最低水位之间的高程差(m)；

H_2——最不利配水点至水泵吸水口总水头损失(MPa)；

H_0——最不利配水点的最低工作压力(MPa)。

3.1.5 恒压变流量变频调速供水泵组出水口压力，按下式计算：

$$P_j = 0.01H_{12} + H_{22} + H_0 \tag{3.1.5}$$

式中 P_j——变频调速供水泵(组)出水口压力(MPa)；

H_{12}——最不利配水点与水泵组出水口中心之间的高程差(m)；

H_{22}——最不利配水点至水泵组出水口总水头损失(MPa)；

H_0——最不利配水点的最低工作压力(MPa)。

3.1.6 变压变流量变频调速供水泵(组)出水口压力，按下式计算：

$$P_j = 0.01H_{12} + SQ^2 + H_0 \tag{3.1.6}$$

式中 S——等效管路特性参数 $S = H_{22}/Q_j^2$；

Q——设计流量的变化范围，单位同 Q_j。

3.1.7 变频调速泵(组)选型，应符合下列要求：

1. 水泵的 Q-H 特性曲线，应是随流量增大，扬程逐渐下降的曲线。

2. 设计的最不利工况点应在水泵特性曲线高效区的右端点，水泵调速工作范围能尽量在水泵高效区段内。

3. 水泵调速范围宜在 0.75～1.0 的范围内。

4. 当给水系统流量较大且用水不均匀时，应根据用水量变化曲线进行水泵的优化选配，可采取以下措施：

(1) 应根据主泵高效区的流量范围与设计流量的变化范围之间的比例关系确定水泵数量，设多台泵并联运行，但同时工作的水泵不宜超过 4 台，并应设一台供水能力不小于最大一台主泵的备用泵；

(2) 宜配置一台适应小流量工况的水泵，其流量宜为大泵流量的 1/4～1/3。

5. 多台泵组可采用单台变频，其余工频的方式运行；在供水压力要求严格时，也可采用两台或多台变频的方式运行。

6. 多台泵并联运行时，应校核调速泵是否会出现流量堵塞现象。

3.1.8 变频调速泵(组)宜与气压罐配合使用，应按小泵的流量计算气压罐的容积，在气压罐最高工作压力时系统不得超压。气压罐流量宜按如下要求确定：

(1) 变频调速泵(组)不设置小泵时，为单台变频泵额定转速时流量的 1/4～1/3；

(2) 变频调速泵(组)设置定速小泵时，为小泵流量；

(3) 变频调速泵(组)设置变频小泵时，为小泵流量额定转速时流量的 1/4～1/3。

3.1.9 变频调速供水泵(组)应有可靠电源，应为双电源或双回路供电方式。

3.1.10 市售成套变频调速供水设备应符合产品标准《微机控制变频调速给水设备》(JG/T 3009—93)的要求，并应具有如下功能：

1. 应具有自动调节水泵转速和软启动的功能。定压给水时，设定压力和实际压力之间的差不得超过 0.01MPa。

2. 应具有水位控制的功能。当水位降至设定下限水位时，自动停机；当恢复至启泵水位时，自动启动。

3. 控制柜(箱)面板上应有观察设定压力、实际压力、供电频率、故障等显示窗口。

4. 应具有对各类故障进行自检、报警、自动保护的功能。对可恢复的故障应能自动或手动消警，恢复正常运行。

3.2 管网叠压供水

3.2.1 管网叠压供水指由水泵叠加市政供水管网水压，直接从市政供水管网中取水增压的供水方式。采用管网叠压供水，应经上海市水务管理部门和供水单位批准认可。

3.2.2 管网叠压供水设备指在市政供水管网允许的条件下，通过变频水泵运行或非运行时间均能自动、连续地向给水管网供水的设备，由防污隔断单元、变频加压单元、压力补偿单元、压力变送器、微机控制单元和管路系统等组成。

3.2.3 管网叠压供水工程的规模，应根据当地市政供水管网的供水能力，结合小区的规模、分期建设情况、建筑高度、建筑物的分布等因素，经技术经济比较后予以确定。

3.2.4 用于管网叠压供水的供水设备应结构合理、占地面积小、节能、自动化程度高、管理操作简便、运行安全可靠、安装方便、易于维护。

3.2.5 管网叠压供水设备的进水管应独立接自室外市政管网，市政管网有环网时，宜从环网接入。设备的进水管管径宜比供水管网小两级或两级以上。

3.2.6 管网叠压供水设备的水泵直接从市政给水管网吸水时，计算水泵扬程应考虑利用市政给水管网的最小水压，并以市政给水管网的最大水压校核水泵的效率和超压情况。

3.2.7 管网叠压供水设备的水泵，应采用低噪声、节能型离心泵，水泵电机能适应变频工作。

3.2.8 水泵规格、台数应由设计综合确定，一般宜设 2～3 台，并配置备用泵。用水量不均衡且持续时间较长时，应配置适应低谷用水量的小型水泵，其流量可为主泵的 1/3～1/2。

3.2.9 水泵选型时，应尽量使水泵出水量接近给水设计流量，设计工况点应位于水泵特性曲线高效区右端。

3.2.10 管网叠压供水设备的进水管流速不宜大于 1.2m/s。

3.2.11 管网叠压供水设备应绕水泵设旁通管，并应在旁通管上装设阀门和止回阀。

3.2.12 管网叠压供水设备应设置有自动排水功能的倒流防止器，并选用水头损失小、体积小的产品。

3.2.13 建筑物使用管网叠压供水设备时，其供水能力应保证建筑物的给水设计流量，符合下列要求：

1. 无高位水箱时，设计流量应按设计秒流量确定；

2. 有高位水箱时，设计流量应按最大小时流量确定；

3. 既向管网供水，又向高位水箱供水，设计流量应按上述1、2条分别计算后，按其中较大值确定。

3.2.14 居住小区使用管网叠压供水设备时，其供水能力应保证居住小区的给水设计流量，符合下列要求：

1. 供水规模小于3000人时，设计流量应符合以下要求：

(1) 小区建筑物全部采用室外管网直接供水时，设计流量应按建筑物的生活用水设计秒流量确定；

(2) 小区建筑物既有室外管网直接供水，又有高位水箱供水时，应分别计算设计秒流量和最大小时流量，取其中最大值作为设计流量。

2. 供水规模大于3000人时，设计流量应按建筑物内的最大小时流量确定。系统要求环状供水。

3.2.15 不同用水性质的建筑共用同一管网叠压供水系统时，设计流量应按《建筑给水排水规范》(GB 50015—2003)确定。

3.2.16 当地有给水设计流量实测数据时，应按实测数据确定系统给水设计流量。

3.2.17 系统设计压力应满足系统最不利处的配水点所需水压。

3.2.18 管网叠压供水系统的设计扬程应按式(3.2.18)计算确定：

$$H = H_1 + H_2 + H_3 + H_4 - H_{可} \tag{3.2.18}$$

式中 H——系统的设计扬程(MPa)；

H_1——叠压供水设备出口处至系统最不利处配水点的几何高差(MPa)；

H_2——叠压供水设备出口处至系统最不利处配水点的管路沿程水头损失(MPa)；

H_3——叠压供水设备出口处至系统最不利处配水点的管路局部水头损失(MPa)；

H_4——系统最不利处配水点或用水设备的流出水头(MPa)；

$H_{可}$——市政管网接入处的可利用水压(MPa)。

3.2.19 管网叠压供水系统的可利用水压应按式(3.2.19)计算确定：

$$H_{可} = H_5 - H_6 - H_7 - H_8 - H_9 \tag{3.2.19}$$

式中 $H_{可}$——系统进口可利用水压(MPa)；

H_5——市政管网接入处压力(MPa)；

H_6——市政管网接入处到叠压供水设备进口处的管路沿程损失(MPa)；

H_7——市政管网接入处到叠压供水设备进口处的管路局部损失(MPa)；

H_8——市政管网接入处与叠压供水设备安装处的几何高差(MPa)；

H_9——叠压供水设备自身的水头损失(MPa)。

3.2.20 管网叠压供水系统应有防止系统流量突变导致压力瞬间异常波动的措施。

3.2.21 无高位水箱时，水泵应选用变频供水；有高位水箱时，水泵应工频供水。变频水泵机组宜并联小型气压水罐。

3.2.22 小型管网叠压供水设备可以住宅单元作为供水范围。

3.2.23 管网叠压供水设备应具有自动开停机、自动调整转速、自动交互切换运行及软启软停等基本运行功能。

4 循环冷却水

4.1 水源的选择与要求

4.1.1 循环冷却水水源的选择应符合国家和上海的节能政策和有关规定，以达到节能减排的目的。

4.1.2 在水源条件许可下，应优先选择江水、河水、湖泊水、海水、地下水、中水等作为循环冷却水的水源。并应符合下列要求：

1. 冷却水的水源需征得有关行政主管部门的审批同意；
2. 采用市政自来水作为冷却水的水源应由上海市相关地区的水务部门在扩初审批中同意；
3. 采用长江、黄浦江、苏州河、淀山湖等地表水作为冷却水的水源直接使用时，需在扩初设计前完成“江河取水评估报告”、“江河排水评估报告”、“江河给排水的环境影响评估报告”，并经相关部门组织的审批通过；
4. 采用地下水作为冷却水的水源时，除需得到上海水务相关部门的同意外，还需考虑一定量的水量回灌到地下；
5. 采用地表水作为冷却水的水源时，应有防止含油污水和藻类进入的技术措施。

4.1.3 当采用循环利用的冷却水系统时，可采用市政水源作为冷却水的水源。

4.1.4 循环冷却水的水源应满足系统的水质和水量要求。

4.1.5 敞开式循环冷却水的水质指标，见表 4.1.5。

敞开式循环冷却水的水质标准 **表 4.1.5**

项 目	单 位	要求和使用条件	允许值
浊度（悬浮物）	mg/L	年污垢热阻<$1.43\times10^{-7}m^2\cdot h\cdot ℃/J$（$6\times10^{-4}m^2\cdot h\cdot ℃/kcal$），腐蚀率<0.2mm/a	≤50
		年污垢热阻<$9.55\times10^{-8}m^2\cdot h\cdot ℃/J$（$4\times10^{-4}m^2\cdot h\cdot ℃/kcal$），腐蚀率<0.125mm/a	≤20
		换热设备为板式、翅片管式、螺旋板式	≤10
pH 值	mg/L	根据药剂配方确定	7.0～9.2
导电率	μs/cm	采用缓蚀剂处理时	<3000
甲基橙碱度	mg/L	根据药剂配方及工况条件确定	≤500
Ca^{2+}	mg/L	从缓蚀的角度	≮30～50
		从阻垢的角度	≯160
Fe^{2+}	mg/L		≤0.5
Cl^-	mg/L	碳钢换热设备	≤1000
		不锈钢换热设备	≤300
SO_4^{2-}	mg/L	[SO_4^{2-}] 与 [Cl^-] 之和	≤1500
		对系统中混凝土材质的要求，按现行的《岩土工程勘察规范》(GB 50021) 的规定执行	

续表

项　目	单　位	要求和使用条件	允许值
硅酸	mg/L		≤175
		[Mg_4^{2-}]与[SO_2]的乘积	<15000
CO_3^{2-}	mg/L	Ca^{2+}(mg/L)×SO_4^{2-}	<500000
		当投加阻垢剂时控制 Ca^{2+}(mg/L)×SO_4^{2-}	<750000
导养菌总数	个/mL		<5×10^5
游离氯	mg/L	在回水总管处	0.5～1.0
石油类	mg/L		<5(此值不应超过)
		炼油企业	<10(此值不应超过)

4.1.6　空调冷却塔的补充水水源宜以城市自来水为主，也可采用复用水（或中水）。补充水的水质标准应根据循环冷却水的水质要求和浓缩倍数确定。

当不满足上述要求时，应对补充水进行处理。如采用软化、除盐、过滤等，处理范围可采用局部或全部，也可以使用局部处理的水再与原水混合后作为补充水。

4.1.7　密闭式循环冷却水系统一般采用软化水或脱盐水作为补充水。

在运行中没有水分蒸发，密闭式循环冷却水系统只需要补充极少量的系统渗漏水量。密闭式系统除补充水带入氧外，无曝气过程，所以腐蚀作用也低。密闭系统设有密闭调节水箱时，此水箱内可加氮密封，以防补充水带进空气。由于采用软化水或脱盐水，系统内的结垢、微生物繁殖等也减少。

4.2　循环冷却水系统的选择

4.2.1　根据《公共建筑节能设计标准》（GB 50189—2005）的规定，空气调节循环冷却水系统设计应符合下列要求：

1. 系统应具有过滤、缓蚀、阻垢、杀菌、灭藻等水处理功能；
2. 冷却塔应设置在空气流动条件好的场所；
3. 冷却塔补水总管上应设置水流量计量装置（水表）。

4.2.2　冷却水宜循环利用，提高水的重复利用率。当系统的冷却水量大于 $5m^3/h$ 时，采用市政水源（自来水）的冷却水系统必须循环使用。

4.2.3　循环冷却水系统宜采用敞开式，敞开式循环冷却水系统的水质应满足被冷却设备的水质要求。当需要间接换热时，可采用密闭式。

4.2.4　对于水温、水质、运行等要求差别较大的设备，循环冷却水系统宜分开设置。

4.2.5　设备、管道设计时应能使循环系统的余压充分利用。

4.2.6　冷却水的热量宜回水利用。

4.2.7　当建筑物内需要全年供冷的区域，在冬季气候条件适宜时宜利用冷却塔作为冷源提供空调用的冷水。

4.2.8　从节能的角度出发，在循环冷却水系统和设备的选择中还应注意下列参数：

1. 提高冷水机组的性能系数（*COP*）和综合部分负荷性能系数（*IPLV*）；
2. 输入功率及性能比（*EER*）；
3. 循环水泵的流量、扬程、电机功率及能耗比（*HER*）、输送能效比（*ER*）；
4. 冷却塔的流量及电机功率；
5. 自控阀门和仪表的技术性能参数。

4.2.9　循环水冷却通常分为密闭式循环水冷却系统和敞开式循环水冷却系统。

密闭式循环水冷却系统中，因水是密闭循环，水的冷却不与空气直接接触。敞开式循环水冷却系统，水的冷却需要与空气直接接触，根据水与空气接触方式的不同，可分为水面冷却（水库、湖泊、河道）、喷水冷却池冷却和冷却塔（自然通风冷却塔与机械通风冷却塔）冷却等。

1. 敞开式循环水冷却系统布置，按水泵设置位置一般可分为三种类型，即前置水泵、后置水泵和双级水泵。

（1）前置水泵：将循环水泵设在换热设备的进水方向。集水池也可与冷却塔合并。这种布置方式使用较多，其特点是冷却塔位置不受限制，可以与循环泵设在同在水平面上，即可以设在屋顶上，也可以设在地面上。如设在屋顶上则其剩余水头不能利用。适用于单层或裙房布置的冷却塔。

（2）后置水泵：将循环水泵设在换热设备的出口方向。冷却塔和集水池必须设在高处，以保证集水池到换热器的静水压力能满足换热器的水压要求及连接管路的水头损失值。这种布置方式适合于高层建筑，为了立面美观，要求冷却塔布置在顶层或者楼上的需要。由于集水池只能设在屋顶，将使屋面负荷加大。如果静水压力过高，还必须设减压装置（减静压）。

（3）双级水泵：即在换热器的进出水方向都设置循环水泵。这种布置方式适用于共用冷却塔而供水压力、水温、水质要求不同的多组换热器的循环水冷却系统。有些并联换热器水温、水质要求更高，还需要进行二次降温或增加水质处理措施，从而使换热器出口水压、水温、水质不同，必须设中间集水池及后置循环泵。该系统的所有设备布置均不受场地限制和高程限制，但由于该系统两次加压、所用设备较多、投资较高、能量损耗较大、占用场地也较大，一般情况下尽量避免采用。

2. 密闭式循环冷却水系统是指冷却水在密闭系统中进行循环，不与空气直接接触，而是与冷媒进行间接换热的一种冷却方式。冷媒一般是冷风或低温水。这种冷却方式如采用自然风冷，则冷却水温决定于干球温度和风速，受自然条件影响较大。在年平均气温较低的地区还可以使用，或仅在寒冷季节使用。对于较大型循环冷却水系统，冷却设备比较庞大复杂。所以使用受到一定限制。在一些小型空压机组有时配有空冷装置，而在民用建筑中则很少应用。

4.3 冷却用水和冷却塔的设计计算

4.3.1 冷却用水的基本数据

1. 循环冷却水量 Q（m^3/h）；
2. 循环冷却进水温度 t_1（指冷却塔进水温度,℃）；
3. 循环冷却出水温度 t_2（指冷却塔出水温度,℃）；
4. 冷冻机或工艺设备本体水头损失和冷冻机或工艺设备供水压力（MPa）；
5. 冷冻机或工艺设备供水温度保证率（设计频率）。

4.3.2 冷却用水的数据选用

1. 选用冷却设备时，循环水量是设计的主要依据之一。选塔时应使塔体的冷却能力留有适当余量。

2. 设备的进出水温度，应根据设备样本由冷冻机或工艺提供。对于空调机组和空气压缩机，一般选用下列数据：

（1）空气压缩机：进水温度10～32℃，出水温度≤45℃；

（2）冷凝器：进水温度≤32℃，出水温度35～37℃；

（3）小型空调机组：进水温度30～32℃，出水温度35～37℃；

（4）冷冻机或工艺设备水头损失值应按样本资料确定，一般为0.08～0.1MPa。

4.3.3 选择和设计冷却塔时，冷却塔的气象参数可按夏季不利条件下的气象资料整理而成。冷却塔设计的基本气象参数可包括干球温度 θ（℃），湿球温度 τ（℃），大气压力 P（MPa或kPa），夏季主导风向、风速或风压（kPa），冬季最低气温。

4.3.4 冷却塔的温差选择应根据冷冻机的选用参数、运行效率等确定。

冷却塔的出水温度越接近湿球温度，越耗能，但温度相对较低对冷冻机的运行有利。在出水温度一定的情况下，冷却塔的进水温度越高，对冷却塔的设置较有利，但冷冻机的出水温度高对冷冻机的运行效率不利。冷却塔进出水温差的选择应结合冷冻水系统综合考虑。各种温差冷却塔的标准设计工况及气象条件见表 4.3.4。

各种温差冷却塔的标准设计工况及气象参数　　表 4.3.4

设计工况及气象参数 \ 温差类型	低温型冷却塔	中温型冷却塔	高温型（工业）冷却塔
进水温度 t_1（℃）	37	40	43
出水温度 t_2（℃）	32	32	33
温差（降）Δt（℃）	5	8	10
干球温度 θ（℃）	31.5	31.5	31.5
湿球温度 τ（℃）	28.0	28.0	28.0
大气压力 P（Pa）	1.004×10^4	1.004×10^4	1.004×10^4

4.3.5 冷却塔设计计算所选用的空气干球温度和湿球温度，应与所服务的空调系统的设计空气干球温度和湿球温度相吻合，并应采用历年平均不保证 50h 的干球温度和湿球温度。

4.3.6 设计应合理选择冷却塔。设计参数及设计标准如下：

上海夏季室外计算空气的湿球温度可按国家现行的有关空调设计规范确定（在无特殊要求的情况下，上海也可按 28.2℃计算），夏季室外空调计算干球温度按 34℃计算，夏季室外通风计算温度按 32℃计算，夏季通风相对湿度按 73%计算，夏季大气压力按 100.53kPa 计算；冬季室外通风计算温度按 3℃计算，冬季室外采暖计算干球温度按－5℃计算，冬季通风室外计算相对湿度按 65%计算，冬季大气压力按 107.5kPa 计算。

当在空气湿球温度较低的干燥地区，可通过设计计算来适当提高冷却水进出水温差，以减少循环水量和循环水泵的能耗，缩小循环管道的管径。应提倡采用飘水率较低的省电型冷却塔。

4.3.7 冷却塔循环管道的流速，宜采用下列数值：

1. 循环干管的流速可按表 4.3.7 确定。

循环干管的流速　　表 4.3.7

管径 DN（mm）	流速（m/s）	管径 DN（mm）	流速（m/s）
$DN\leqslant250$	1.5～2.0	$DN\geqslant500$	2.0～2.5
$250<DN<500$	2.0～2.5		

2. 当循环水泵从冷却塔集水池中吸水时，吸水管的流速宜采用为 1.0～1.2m/s。当循环水泵直接从循环管道吸水，吸水管直径小于等于 250mm 时，流速宜为 1.0～1.5m/s。吸水管直径大于 250mm 时，流速宜为 1.5～2.0m/s。水泵出水管的流速可采用循环干管下限流速。

4.3.8 冷却塔集水池的设计，应符合下列要求：

1. 集水池容积应按下列（1）、（2）两项因素的水量之和确定，并应满足（3）的要求：

（1）布水装置和淋水填料所需的附着水量，宜按循环水量的 1.2%～1.5%确定；

（2）停泵时因重力流入的管道水容量；

（3）水泵吸水口所需最小淹没深度应根据吸水管内流速确定，当流速小于等于 0.6m/s 时，最小淹没深度不应小于 0.3m；当流速为 1.2m/s 时，最小淹没深度不应小于 0.6m。

2. 选用成品冷却塔时，应按本条第 1 款的规定，对其集水盘的容积进行核算，如不满足要求时，应加大集水盘深度或另设集水池。

3. 不设集水池的多台冷却塔并联使用时，各塔的集水盘宜设连通管。如无法设置连通管时，回水横干管的管径应放大一级。连通管、回水管与各塔出水管的连接应为管顶平接。塔的出水口应采取防止空气吸入的措施。

4. 每台（组）冷却塔应分别设置补充水管、泄水管、排污及溢流管。补水方式宜采用浮球阀或补充水箱。当多台冷却塔共用集水池时，可设置一套补充水管、泄水管、排污及溢流管。

4.4 冷却塔的选用

4.4.1 冷却塔分干式（风冷）、湿式（水冷）、干湿式（风、水两种冷却）三大类。湿式又分自然通风和机力通风两类。机力通风又分为鼓风式和抽风式。

抽风式机力通风冷却塔按照风和水交流方式可分为逆流（风水对流）和横流（风水垂直交叉），按照构造可分为圆形、方形、长方形，按使用要求可分为普通型、低噪声型、超低噪声型，按材质上可分为阻燃型和非阻燃型。

喷射式冷却塔也是湿式冷却塔中另一种形式的冷却塔。喷射式冷却塔具有无电力风机、无振动、噪声相对较低、结构简单等特点。

4.4.2 选择冷却塔的主要因素是当地的气象参数，冷却水水量、水温、水质，噪声、水雾、热量对周围环境的影响和技术经济指标等。选用成品冷却塔时，应符合下列要求：

1. 热力特性应满足设计使用的要求。设计可按生产厂家提供的热力特性曲线选定。设计循环水量不宜超过冷却塔的额定水量；当循环水量达不到额定水量的 80%时，应对冷却塔的配水系统进行校核。

2. 冷却塔应冷效高、能源省、噪声低、重量轻、体积小、寿命长、安装维护简单、飘水少。配水要均匀，以减少壁流和防止堵塞。应有收水措施，以减少水滴损失。风机运行可靠，叶片应有足够强度并能耐水气腐蚀。运行噪声应满足环保要求。电耗要少，造价要低，维护管理要简便。

定型冷却塔的产品质量应符合有关标准。选用的冷却塔应符合《玻璃纤维增强塑料冷却塔　第 1 部分：中小型玻璃纤维增强塑料冷却塔》（GB 7190.1—2008）中要求。

3. 塔体结构材料应能满足抗风压和抗水气腐蚀的要求。材料应为阻燃型，并应符合防火要求。

4. 冷却塔的数量宜与冷却水用水设备的数量、控制运行相匹配。除工艺有特殊要求外，一般不设备用冷却塔。

5. 塔的形状应按建筑要求、占地面积及设置地点确定。

6. 当冷却塔的布置不能满足有关规定时，应采取相应的技术措施，并对塔的热力性能进行校核。

7. 玻璃钢冷却塔标准设计工况及噪声应满足《玻璃纤维增强塑料冷却塔　第 1 部分：中小型玻璃纤维增强塑料冷却塔》（GB 7190.1—2008）和《玻璃纤维增强塑料冷却塔　第 2 部分：大型玻璃纤维增强塑料冷却塔》（GB 7090.2—2008）的规定。

8. 中小型（冷却水量小于 1000m^3/h）的冷却塔标准设计进水温度 37℃，出水温度 32℃；大型（冷却水量大于或等于 1000m^3/h）的冷却塔标准设计进水温度 43℃，出水温度 32℃。设计选用的冷却塔进出水温度应结合冷冻机的效率一起确定。

4.4.3 圆形塔气流组织比方形好，不易产生死角，选型较好。在相同条件下，横流式的冷却效果不如逆流塔。

4.4.4 喷射式冷却塔由于是喷射出流，故需循环水泵扬程较高，能耗较大。喷嘴处需要压力不小于 0.2MPa。

4.4.5 风冷封闭式冷却塔由于是封闭循环，水量损失很少，循环水质不受污染，为了防止长期运行产生水垢，对循环水质要求较高，宜采用软化水。

4.4.6 通过经济比较后，可选用无动力的冷却塔，并应保证冷却水的使用。

4.4.7 为了节省能耗，对于变负荷运行的换热设备，可选用变速风机的冷却塔。

4.4.8 冷却塔的冷却效率（简称冷效）可用常年冷却效率系数 η 来衡量，见下式：

$$\eta=\frac{t_1-t_2}{t_1-\tau}=\frac{1}{1+\dfrac{t_2-\tau}{\Delta t}} \tag{4.4.8}$$

式中　η——冷却塔的冷却效率；

t_1——冷却水的进塔水温（℃）；

t_2——冷却水的出塔水温（℃）；

τ——冷却塔所处的湿球温度（℃）；

Δt——冷却温差，$\Delta t=t_1-t_2$。

Δt 反映温降绝对值的大小，但不反映冷却效果与外界气象条件的关系。Δt 很大时，说明散热很多，但不说明冷却后水温很低。

出冷却塔水温 t_2 与冷却塔所处的湿球温度 τ 之差称之为冷幅（$\Delta t'$）。τ 值是水所能冷却的极限水温。$\Delta t'$越小，说明 t_2 越接近 τ，冷却效果越佳。

4.4.9　在式（4.4.8）中，当 Δt 一定时，η 是冷幅 $t_2-\tau$ 的函数，这说明 t_2 越接近理论冷却极限 τ，则效率系数 η 越高，冷却效果越好。逆流式冷却塔的冷却效率相对横流式冷却塔要高，但横流式冷却塔在维修、组合安装、高度上有一定的优势。两者的比较见表 4.4.9。

逆流式冷却塔和横流式冷却塔比较　　**表 4.4.9**

项　目	逆流式冷却塔	横流式冷却塔
效率	水与空气逆流接触，热交换效率高（可保持最冷的水与最干燥温度低的空气接触，最热的水与最潮湿温度高的空气接触）	如水量和容积散质系数 β_{xv} 相同，填料容积要比逆流塔约大 15％～20％
配水设备	对气流有阻力，配水系统维护检修不便	对气流无阻力影响，维护检修方便
风阻	因为水气逆向流动，加上配水对气流的阻挡，故风阻较大，为减少进风口的阻力降，往往提高进风口高度以减小进风速度	比逆流塔低，进风口高即为淋水装置高，故进风风速低
塔高度	因进风口高度和除水器水平布置等因素，塔总高度较高	填料高度接近塔高、除水器不占高度，塔总高度低。结构稳定性好，并有利于建筑物立面布局和外观要求
占地面积	淋水填料平面面积基本同塔面积，故比横流塔小 20％～30％	平面面积较大
用电量	配水系统的压力和风阻相对较高，用电量在同等冷却水量下相对较高	风阻比逆流塔小，风机节电约 20％～30％；配水系统需要水压比逆流塔低，水泵节电约 15％～20％；风机功率较低
噪声	相对较高	填料低部为塔底，滴水声小，同样条件下噪声比逆流塔低 3～4dB（A）
排出空气的回流	成组布置时，比横流塔小	由于塔身低风机排气回流影响较大
造价	循环水量和热工性能相同条件下，造价比横流塔低约 20％～30％	相对较高

4.5　冷却塔的位置选择

4.5.1　建筑专业应配合给水排水专业布置冷却塔的位置。

4.5.2　冷却塔位置的选择应根据下列因素综合确定：

1. 冷却塔的通风应良好，气流应通畅，湿热空气回流影响小，且应布置在建筑物的最小频率风向的上风侧。

2. 冷却塔不应布置在热源、废气和烟气排放口附近（如厨房排风等高温气体），应尽量避免布置在化学品堆放处和煤堆附近。不宜布置在高大建筑物中间的狭长地带上。

3. 冷却塔与相邻建筑物之间的距离，除满足塔的通风要求外，还应考虑噪声、飘水等对建筑物的影响。

4.5.3 冷却塔设置的高度宜靠近冷冻机组，以减少管道的水头损失，达到节能的目的。

4.5.4 冷却塔的设置位置应通风良好。当冷却塔设在地下或用围墙、顶板等遮挡时，宜采用能将高温气流送至远离冷却塔进风处的塔形，并应配合生产厂家进行冷却塔气流组织的计算，避免热空气的回流，确保足够的进风面积。

4.5.5 有裙房的高层建筑，当机房在裙房地下室时，宜将冷却塔设在靠近机房的裙房屋面上。

4.5.6 冷却塔如布置在主体建筑屋面上，应避开建筑物主立面和主要入口处，以减少其外观和水雾对周围环境的影响。

4.6 冷却塔的布置

4.6.1 冷却塔的布置，应符合下列要求：

1. 冷却塔的布置宜保证冷却塔之间的距离和良好的气流组织条件，避免影响冷却塔的散热效果。

2. 冷却塔宜单排布置。当需多排布置时，塔排之间的距离应保证塔排同时的进风量。

3. 单侧进风塔的进风面宜面向夏季主导风向，双侧进风塔的进风面宜平行夏季主导风向。

4. 冷却塔进风侧离建筑物的距离宜大于塔进风口高度的2倍。冷却塔的四周除满足通风要求和管道安装位置外，还应留有检修通道。通道净距不宜小于1.0m。

5. 冷却塔宜设在冬季主导风向的下风向，以防止飘水在建筑物外墙上结冰，并应远离热源，以减少对冷却效果的影响。单侧进风的冷却塔进风口，宜垂直于夏季主导风向。双向进风的冷却塔进风口，宜平行于夏季主导风。

6. 相连的成组冷却塔布置，塔与塔之间的分隔板的位置应保证相互不会产生气流短路，以防降低冷却效果。

(1) 冷却塔宜单排布置，当需多排布置时，长轴位于同一直线的相邻塔排净距不小于4m。

(2) 不在同一直线上相互平行布置的塔排净距不小于冷却塔进风口高度的4倍。每排的长度与宽度之比不宜大于5∶1。

(3) 相邻风筒式冷却塔之间的净距，宜符合下列规定：

1) 逆流式冷却塔间净距不小于塔的进风口下缘标高处的塔半径；

2) 横流式冷却塔间净距不宜小于塔的进风口高度的3倍；

3) 当相邻塔半径或进风口高度不同时，应取较大值。

7. 周围进风的塔间净距不宜小于冷却塔进风口高度的4倍。

8. 冷却塔应设置在专用基础上，不得直接设置在楼板或屋面上。

9. 冷却塔的布置，应考虑周围建筑物对冷却塔湿热空气回流的影响。

10. 冷却塔布置，还要考虑与所在建筑物的外面相协调。

11. 冷却塔之间或塔与其他建筑物之间的距离，除了应考虑塔的通风要求、塔与建筑物的相互影响外，还应考虑建筑物防火、防爆的安全距离及冷却塔的施工及检修要求。

12. 民用建筑对冷却塔的防噪声要求较高，工业企业噪声控制标准较低。一般民用建筑噪声及工业企业噪声控制标准表见表4.6.1-1、表4.6.1-2。

民用建筑噪声控制标准表 **表4.6.1-1**

类别	噪声标准dB(A)		类别	噪声标准dB(A)	
	白天	夜晚		白天	夜晚
疗养院、高级别墅、高级宾馆	50	40	工业区	65	55
居住区、文教区	55	45	城市交通干道两侧、内河航道两侧、铁路两侧	70	55
居住、商业、工业混杂区	60	50			

工业企业噪声控制标准表 表 4.6.1-2

地 点 类 别		噪声标准 dB(A)
生产车间及作业场所		90
高噪声车间设置的值班室、观察室、休息室	无电话通信	75
	有电话通信	70
精密装配、加工车间的工作点、计算机房		70
车间所属办公室、实验室、设计室		70
主控室、集中控制室、通信室、电话总机室、消防值班室		60
厂部所属办公室、会议室、设计室、中心实验室		60
医务室、教室、哺乳室、托儿室、工人值班室		50

4.6.2 冷却塔的噪声主要来自风机转动、布水及滴水声等。环境对噪声要求较高时，冷却塔的布置可采取下列措施：

1. 冷却塔的位置远离对噪声敏感的区域。
2. 采用低噪声型或超低噪声型冷却塔。它可比普通塔降低 5～10dB（A）。
3. 进水管、出水管、补充水管上设置隔振防噪装置。
4. 冷却塔基础设置隔振装置。
5. 建筑上采取隔声、导向吸声屏障等建筑防护措施。如用隔声帘［单层玻璃 6～8mm，可隔噪声 20dB（A）］、轻质隔墙等。

4.6.3 冷却塔噪声的衰减量，可按下式估算：

$$\Delta S = 20\lg\frac{L_1}{L_2} \tag{4.6.3}$$

式中 ΔS——声源点由 L_1 延长到 L_2 时，声音的衰减量［dB（A）］；

L_1——声源点到第一测点的距离（m）；

L_2——声源点到第二测点的距离［L_2 为标准点（m）］。

4.6.4 从通风条件和冷却效果考虑，冷却塔应尽量布置在高处，如建筑物顶上，但高处往往风荷载较大，应验证冷却塔的结构强度，同时，还要考虑水泵电能的消耗。

4.7 冷却塔的补充水量计算与计量

4.7.1 冷却塔的水量损失包括蒸发损失、风吹损失、排污损失和泄漏损失。冷却塔补充水量应为上述水量损失之和。冷却塔补充水量可按式（4.7.1）或式（4.7.1-2）计算：

$$q_{bc} = q_z + q_p + q_f \tag{4.7.1-1}$$

$$q_{bc} = q_z N/(N-1) \tag{4.7.1-2}$$

式中 q_{bc}——补充水量（m^3/h）；

q_z——蒸发损失水量（m^3/h）；

q_p——排污和泄露损失水量（m^3/h）；

q_f——风吹损失水量（m^3/h）；

N——浓缩倍数，设计浓缩倍数不宜小于 3.0。

注：对于建筑物空调、冷冻设备的补充水量，一般按冷却水循环水量的 1.5%确定。

4.7.2 蒸发损失水量计算方法可分为估算水量和精确计算水量两种。

1. 估算水量，可按下式计算：

$$q_z = K\Delta t Q \tag{4.7.2}$$

式中 q_z——蒸发损失水量（m^3/h）；

Δt——冷却塔进出水的温度差（℃）；

Q——循环水量（m^3/h）；

K——系数（1/℃），可按表4.7.2采用。

K值与气温关系 **表4.7.2**

气温（℃）	−10	0	10	20	30	40
K（1/℃）	0.0008	0.001	0.0012	0.0014	0.0015	0.0016

注：气温中间值可用内插法计算。

2. 无除水器时，蒸发损失水量可按≥0.5%Q确定。

4.7.3 对设有收水器的机械通风冷却塔，冷却塔的风吹损失水量可按0.1%～0.2%计算。

4.7.4 排污和泄漏损失水量与循环冷却水水质及处理方法、补充水的水质和循环水的浓缩倍数有关。由于冷却水通过冷却不断蒸发，冷却水中的盐类将不断浓缩，为控制冷却水的浓缩，需放掉一部分水量（排污水），并需进行补充新鲜水（补充水）。补充水的含盐量和经浓缩后循环冷却水中的含盐量之比，称为浓缩倍数N浓缩倍数按下式计算：

$$N=\frac{C_r}{C_m}=\frac{q_{bc}}{q_f+q_p} \tag{4.7.4}$$

式中 N——浓缩倍数，也是循环冷却水中补充的新鲜水和原来的水的比例；

C_r——循环冷却水的含盐量（mg/L）；

C_m——补充水的含盐量（mg/L）；

4.7.5 冷却塔补水时间应根据所服务建筑物的功能性质，由具体工程设计确定。

4.7.6 冷却塔补水总管上应设置水表计量。

4.7.7 冷（热）源站房、采用区域性冷（热）源建筑群的每栋公共建筑、需要独立计量的用户单元和需要补充水的各种系统，应当设有冷（热）量或者用水、用能的计量装置。

4.8 循环冷却水系统的水处理

4.8.1 建筑空调系统的循环冷却水的水质稳定处理应结合水质情况，合理选择处理方法及设备。当冷却水循环水量大于1000m^3/h时，宜设置水质稳定处理、杀菌灭藻和旁流处理等装置。

4.8.2 旁流处理水量可根据去除悬浮物或溶解固体分别计算。当采用过滤处理去除悬浮物时，过滤水量宜为冷却水循环水量的1%～5%。

4.8.3 针对不同的循环冷却水水质，应采取化学（杀菌、灭藻等）、物理（过滤）的水处理方法，水处理需要具有缓蚀、阻垢的功能，以减少管道和机组内的结垢、腐蚀。

4.8.4 常用的水质稳定措施有设置电子除垢器、静电除垢器、磁水器、投加水质稳定剂等。其中前三种措施设备简单，使用方便，在民用建筑和小型工业建筑中使用较多。上述设备除具备防垢除垢功能外，也能起到一定的杀菌、灭藻的作用。对于中小规模的冷却系统，由于场地和维护管理的条件所限，一般只选用上述定型设备即可，不需另外再考虑水质稳定和微生物控制的措施。

4.8.5 控制微生物的方法一般有如下几种：

1. 设置旁滤装置，将循环冷却水中一部分水通过过滤，以去除水中的悬浮物以及菌、藻等微生物；
2. 加强补充水的处理，改善补充水水质。

4.8.6 缓蚀阻垢剂可以使金属表面生成一层致密而连续的金属氧化膜或其他类型的膜，以抑制管路及设备的腐蚀，从而达到控制腐蚀的目的。投加阻垢剂可以提高循环水的极限碳酸盐硬度，使碳酸钙晶体畸变。并起分散螯合作用，从而达到阻垢目的。

1. 缓蚀阻垢剂的投加方式和投加点

（1）缓蚀阻垢剂常用计量泵连续投加或与补充水同步投加，根据药剂浓度可稀释或不稀释；

(2) 缓蚀阻垢剂的投加点可选择在冷却水池、冷却水箱出水口处或冷却水泵吸水管段。

2. 缓蚀阻垢剂的投加量

(1) 系统首次投加量

$$G_f = V \cdot C/1000 \tag{4.8.6-1}$$

式中 G_f——系统首次投加量(kg);

V——系统保有水量(m^3),约为小时循环水量的1/5～1/3;

C——投加浓度(mg/L)。

(2) 系统运行时投加量

$$G_r = Q_m \cdot C/N \tag{4.8.6-2}$$

式中 G_r——系统运行时投加量(kg/h);

Q_m——补充水量(m^3/h);

C——投加浓度(mg/L);

N——系统设计浓缩倍数。

4.8.7 杀菌灭藻剂:循环水中常见的微生物有藻类、细菌、真菌和原生动物四大类。敞开式循环冷却水系统的菌藻处理一般采用氧化性杀生剂、液氯、二氧化氯或活性溴,并辅助投加非氧化性杀生剂。

1. 氧化性杀生剂的投加方式、投加点和投加量

氧化性杀生剂一般采用定期冲击投加。液氯可用加氯机投加到冷却水池(或冷却水箱)的分布管中,不允许采用液氯钢瓶与水体直接相连投加的方法,并应将液氯钢瓶与加氯机分开设置。二氧化氯可用计量泵将杀菌剂和活化剂按1∶1的比例混合(时间1～2min)后投加到冷却水池(或冷却水箱)的分布管中。液体活性溴与10%次氯酸钠溶液按1∶4的比例混合后直接投加到冷却水池(或冷却塔集水盘)中,固体活性溴可直接投加到冷却水池(或冷却塔集水盘)中,也可配制成溶液投加到冷却水泵吸水管段。

除二氧化氯余氯控制在0.2～0.5mg/L外,其余药剂余氯量可控制在0.5～1mg/L,投加量可按下式计算:

$$G_c = Q \cdot C_g/1000 \tag{4.8.7-1}$$

式中 G_c——氧化性杀生剂投加量(kg);

Q——系统循环水量(m^3/h);

C_g——投加浓度(mg/L)。

2. 非氧化性杀生剂的投加方式和投加量

非氧化性杀生剂可直接投加到冷却水池(或冷却塔集水盘)中,其投加量可按下式计算:

$$G_n = V \cdot C_n/1000 \tag{4.8.7-2}$$

式中 G_n——非氧化性杀生剂投加量(kg);

V——系统保有水量(m^3);

C_n——投加浓度(mg/L)。

4.8.8 循环冷却水系统自动加药装置采用补充水流量传感器和系统水电导率、pH探头自动检测补充水的瞬时流量、累计流量和水中电导率、pH等参数,并根据设定的程序进行计算,由智能控制器控制计量泵自动投加一种或两种不同类型缓蚀阻垢剂及在1～28d内循环定时间隔交替自动投加两种杀生剂;并自动开启或关闭排污电磁阀,以控制系统浓缩倍数。自动加药装置控制原理、规格型号、外形尺寸和性能参数详见国家标准图集《中小型冷却塔选用及安装》(02S106)。

4.8.9 旁滤水处理是从系统中取出部分(1%～5%)循环水量按要求进行处理后仍返回系统的处理方法。其目的是保持循环水水质符合要求,使循环水系统在满足浓缩倍数条件下正常和经济地运行。旁滤水处理宜采用多功能旁滤装置、无阀过滤器,也可根据设计需要选用其他旁流过滤器。

4.8.10 系统清洗和预膜:清洗是系统水质稳定处理过程中极为重要的一环。无论是新系统,还是停用

后需要重新启动的老系统，都必须对金属表面进行清洗，以除去杂质，为预膜做好准备。预膜的目的就是在系统投入运行之前，投加预膜剂，使金属表面形成一层缓蚀保护膜。

4.9 循环水泵的设计

4.9.1 循环水泵的台数宜与冷水机组的冷凝器相匹配，并宜设置备用水泵。

4.9.2 循环水泵的出水量应按冷却水循环水量确定，扬程应按设备和管网循环水压要求确定，并应复核水泵泵壳承压能力。

4.9.3 水泵选型宜用立式泵或管道泵，以减少占地面积。

4.9.4 循环水泵的耗电输热比（EHR），应按下式计算：

$$EHR = N/Q \cdot \eta \tag{4.9.4-1}$$

$$EHR \leqslant 0.0056(14 + \alpha \Sigma L)\Delta t \tag{4.9.4-2}$$

式中 N——水泵在设计工况点的轴功率（kW）。

Q——冷却水散热负荷（kW）。

η——考虑电机和传动部分的效率（%），当采用直联方式时，η=0.85；当采用联轴器连接方式时，η=0.83。

Δt——设计供回水温度差（℃），取 Δt=5℃或 Δt=8℃。

ΣL——冷却水主干线（包括供回水管）总长度（m），当 $\Sigma L \leqslant$500m 时，α=0.0115；当 500m$<\Sigma L<$1000m 时，α=0.0092；当 $\Sigma L \geqslant$1000m 时，α=0.0069。

4.10 循环冷却水系统的控制和保温

4.10.1 根据《公共建筑节能设计标准》(GB 50189—2005) 的规定，空气调节循环冷却水系统应有下列基本控制：

1. 冷水机组运行时，冷却水最低回水温度控制；
2. 冷却塔风机的运行台数控制或风机调速控制；
3. 采用冷却塔供应空气调节冷水时的供水温度控制；
4. 排污控制。

4.10.2 循环冷却水系统可实现变流量运行。循环冷却水泵宜采用自动变速控制。变频泵的变频范围应能满足系统安全运行要求和系统流量变化要求。

4.10.3 循环冷却水泵宜与冷冻机组相的台数和要求的流量相对应，且每个系统不宜少于 2 台。

4.10.4 根据冷冻机组的运行工况，冷却塔的电机宜采用变频控制。

4.10.5 冷冻机组循环冷却水的进出水管之间宜设置旁通管，并设置可调节流量的闸门。

4.10.6 冷冻机组的冷却水进水温度应控制在不超过 33℃。

4.10.7 可能有冻结危险时，冬季运行的冷却塔应采取防冻措施。

4.10.8 循环冷却水系统管道的保温应按下列规定确定：

1. 室内部分的管道在保证冬季不结露的前提下可不保温。

2. 设于室外的冷却水管应避免太阳直接照射。若不能满足要求，则冷却塔出水管的室外部分宜采取保温。

4.10.9 寒冷地区和严寒地区在冬季运行的冷却塔应避免集水盘和补水管冻结。

4.10.10 冬季运行的循环冷却水系统可在循环冷却水泵附近设置冷却塔进出水管之间的连通管，通过电动阀控制，以便在运行初期利用冷凝器交换出的热量来加热管道中的水量，节约能源。

4.10.11 循环冷却水系统的管材除加药管采用塑料管外，循环水的管道可采用内壁喷涂环氧树脂的涂塑钢管，以提高管材的耐腐蚀能力，减少管道内壁的杂质脱落对水质的影响，减少系统的排污水量。管径不大于 400mm 时，可采用沟槽式（卡箍）连接方式。

4.11 冷却塔供冷技术

4.11.1 定义：冷却塔供冷（free cooling，tower-cooling）技术，又称免费供冷、零耗能制冷、水侧免费供冷，是一种在过渡季节和冬季当室外气候条件允许时，使用冷却塔为建筑物供冷的系统形式，它是一种节能降耗的系统形式，充分节约能源，具有很大的节能潜力。

4.11.2 适用条件：冷却塔供冷特别适用于需全年供冷或建筑有需常年供冷的内区建筑，如大型建筑内区、大型百货商场等或需全年供冷且需严格的湿度控制的建筑如计算机房、程控交换机房等。在一些风机盘管加新风系统应用可使过渡季节、冬季免费供冷成为可能。近年在国外已有不少应用，在我国也有应用实例。

《公共建筑节能设计标准》（GB 50189—2005）中第 6.4.13 条指出，对冬季或过渡季节存在一定量供冷需求的建筑，经技术经济分析合理时应利用冷却塔提供空气调节冷水。在条文说明中，指出一些冬季或过渡季节需要供冷的建筑，当室外条件许可时，采用冷却塔直接提供空调冷水的方式，减少了全年运行冷水机组的时间，是一种值得推广的措施。通常的做法是：当采用开式冷却塔时，用被冷却塔冷却的水作为一次水，通过板式换热器提供二次空调冷水；如果是闭式冷却塔，则不需通过板式换热器，直接提供。由阀门切换到空调冷水系统向空调机组提供冷水，同时提供冷水机组的运行。不管采用何种形式的冷却塔，都应按照当地过渡季节或冬季的气候条件，计算空调末端需求的供水温度及冷却水能够提供的水温，并得出投资回报期，当技术经济合理时才采用。

4.11.3 原理：它在常规空调水系统基础上适当增设部分管路及设备，当室外湿球温度低至某个值以下时，关闭制冷机组，通过冷却塔的循环冷却水直接或间接向空调系统供冷，以达到节能的目的。随着过渡季节及冬季的到来，室外气温逐渐下降，相对湿度降低，室外湿球温度也下降，从而冷却塔出口水温也随之降低。而此时建筑室内湿负荷及冷负荷也在不断的下降，空调末端所需除湿量减少，适当提高冷冻水温，减少其除湿能力，完全能满足空调系统舒适性的要求。

4.11.4 冷却塔供冷的形式

按冷却水是否直接送入空调末端设备，冷却塔供冷的形式可分成两大类：间接供冷系统及直接供冷系统。

1. 间接供冷系统。间接供冷系统是指系统中冷却水环路与冷冻水环路相互独立、不相连接，其能量传递主要依靠中间换热设备来进行。它的最大优点是保证了冷冻水系统环路的完整性，保证了环路的卫生条件。但由于其存在中间换热损失，使供冷效果有所下降。

通常间接供冷系统有以下两种形式。一种是在制冷机组制冷剂环路中冷凝器与蒸发器之间设置旁通管路，上设制冷剂旁通阀。工作时关闭压缩面，将旁通阀开启，冷剂充当热载体在其形成的环路中流动，完成热量的传递，如图 4.11.4-1 所示。但此方法由于换热效率低且要改变制冷剂环路故一般不采用。

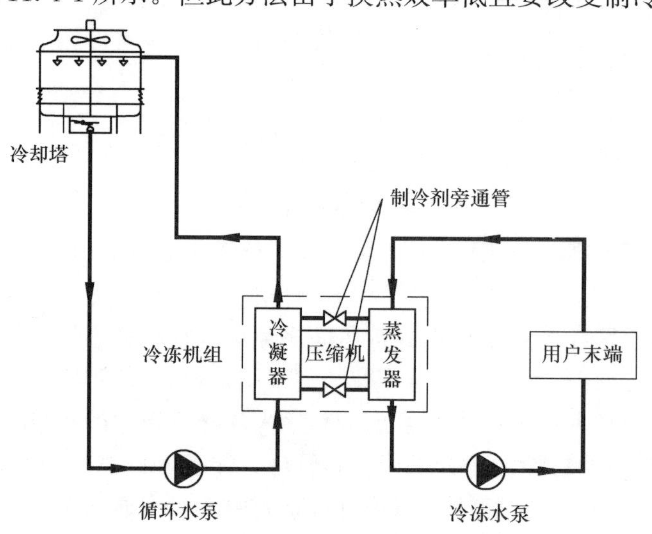

图 4.11.4-1　制冷剂旁通式间接供冷

另一种是在原有空调水系统中附加一台板式换热器。在冷却塔供冷时，关闭制冷机组，使冷却水与冷冻水分别接入板式换热器，实现其间能量传递，如图 4.11.4-2 所示。目前工程中多采用此种形式。

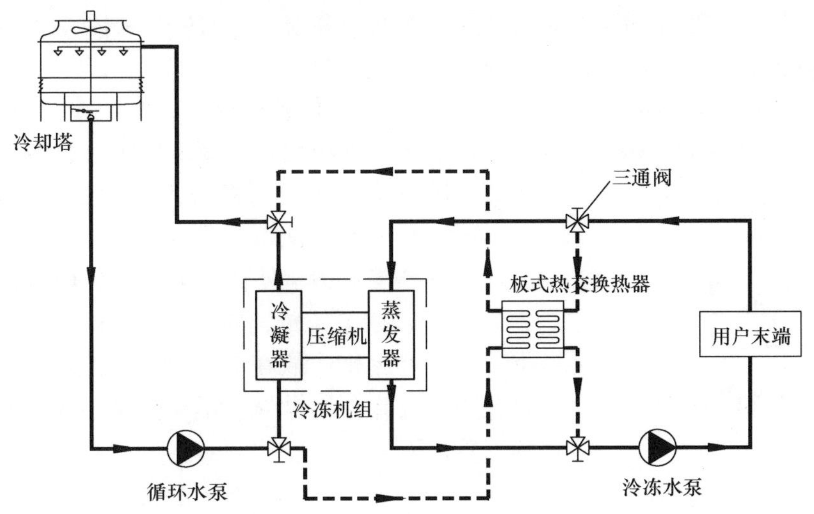

图 4.11.4-2　板交换热式间接供冷

2. 直接供冷系统。直接供冷系统是指在原有空调水系统中设置旁通管道，将冷冻水环路与冷却水环路连接在一起的系统。在夏季时按常规空调水系统运行，当转入冷却塔供冷时，将制冷机组关闭，通过阀门打开旁通，使冷却水直接进入用户末端。如图 4.11.4-3 所示。

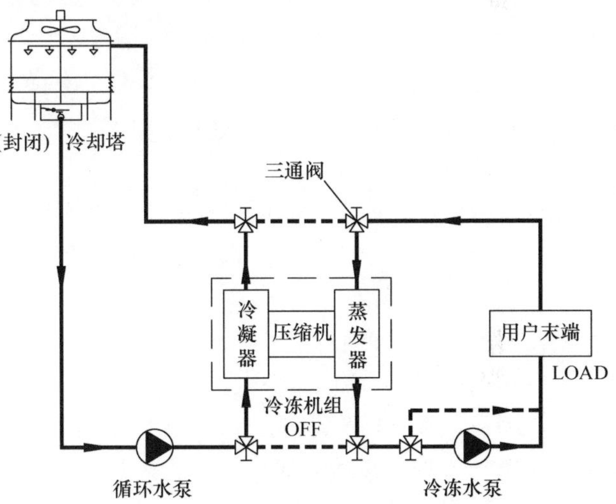

图 4.11.4-3　冷却水直接供冷

系统中冷却塔可采用开式，也可采用闭式。当采用开式时，冷却水与外界空气直接接触易被污染，污物易随冷却水进入室内空气调水管路，从而造成盘管被污物阻塞，故应用较少。采用闭式虽可满足卫生要求，但由于其靠间接蒸发冷却原理降温，传热效果受到影响，故也很少采用。

4.11.5　冷却塔供冷系统设计应注意的问题

1. 室外转变温度点的选择：冷却塔供冷模式的室外转换温度点的选择直接关系到系统供冷时数。在设计时应根据过渡季或冬季建筑内的余热量、余湿量及室内设计参数，通过 $h-d$ 图确定所需冷水供水水温。假设经计算确定此时空调末端所需供水水温为 12.7℃，考虑冷却塔冷幅（冷却塔出水水温与室外湿球温度之差）、管路及换热器等热损失使水温升高 4.5℃，则在室外湿球温度等于或低于 8.2℃时即可切换为冷却塔供冷模式。

2. 供冷能力的核算：系统中冷却塔在按夏季冷负荷及夏季室外计算湿球温度选型后，还应对其在冷却塔供冷模式下的供冷能力进行校核。

3. 换热器形式的选取：间接供冷系统中换热器应选择板式换热器。板式换热器与传统的管壳式换热器相比，具有高效率的换热能力。一般的板式换热器温差（冷却水入口温度与冷冻水出口端之间的温差）是 2～3℃，小的可达 1℃左右。而管壳式换热器易改变数量和板片组合以适应建筑负荷的变动。当板式换热器发生泄漏时，由于接口周围有双重垫片，一层垫片发生泄漏不会导致介质混合，并可立即察觉。选择板式换热器时应综合考虑初投资及冷却塔供冷时数等方面，经系统的技术经济比较后确定。

4. 冷却水泵的设置：在系统设计时要考虑转换供冷专用泵。在直接供冷系统中，冷却水环路中冷冻水泵应设旁通。冷却塔供冷模式时冷冻水泵关闭，冷却水旁通过冷冻水泵，此时循环水动力由冷却水泵提供。

5. 冷却水的除菌过滤：在直接供冷系统设计中应重视冷却水的除菌过滤，以防阻塞末端盘管。常用的方法有加设加药装置和在冷却塔与管路之间设置部分旁通过滤设备，不断地旁通5%～10%的水量进行过滤，以减少设置全流量过滤设备时对环路压力的影响。

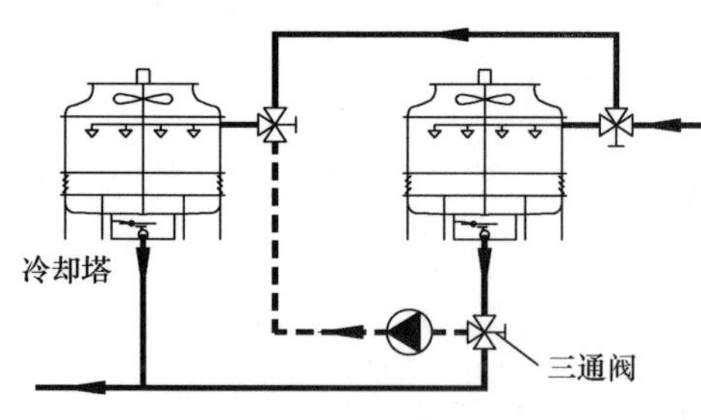

图 4.11.5　串联冷却塔增加冷效

6. 串联冷却塔增加冷效：由于在特定室外湿球温度和建筑负荷下冷却塔冷幅（冷却塔出水温度与室外湿球温度之差）随冷却填料尺寸增大而减小，故对于多台套冷却塔系统可采用串联冷却塔的方法（见图 4.11.5）来增加冷却效果，提高冷却塔供冷模式的室外转换温度，从而增加供冷时数。

7. 冷却水系统的防冻设施：由于冷却塔供冷主要在过滤季节或冬季运行，故在冬季温度较低地区应在冷却水系统中设置防冻设施，如设置旁管、增设加热器、管道保温（电伴热）等。

5

可再生能源的利用

5.1 太阳能生活热水系统

5.1.1 太阳能热水系统组成及适用范围

1. 系统组成：

太阳能热水系统由太阳能集热系统和热水供应系统构成，主要包括太阳能集热器、贮水箱、管路、控制系统和辅助能源等。

2. 适用范围：

（1）太阳能热水系统适用于1年日照时数大于1400hr，年太阳辐照量大于4200MJ/m^{2}的地区。上海地区年均日照时数超过2000hr，年太阳辐照量为4700MJ/m^2。

（2）安装太阳能集热器的建筑部位日照不受遮挡，或至少能保证4hr的日照。

（3）太阳能热水系统适用于与新建、改扩建的建筑结合的太阳能热水器，以提供生活热水或类似用途的热水。

3. 建筑物上安装太阳能热水系统不得降低相邻建筑的日照标准。住宅楼的太阳能热水系统的管线不得穿越其他用户的室内空间。太阳能集热装置宜与建筑屋面配合。

5.1.2 基础资料的收集与整理

太阳能热水系统的设计应符合《建筑给水排水设计规范》（GB 50015—2003）的规定。

1. 用水量：生活用水量参照《建筑给水排水设计规范》（GB 50015—2003）计算。

2. 水源的要求：

系统供水水源的水质、水压、水温应符合《建筑给水排水设计规范》（GB 50015—2003）的有关规定。用水水温应充分考虑太阳能热水系统的特殊性，宜按《建筑给水排水设计规范》（GB 50015—2003）中推荐温度中选用下限温度。

3. 基础资料的收集：

（1）环境条件：包括月均日辐照量、地处纬度、日照时间、月平均室外气温等。

（2）场地情况：场地面积、场地形状、建筑物承载能力、遮挡情况。

（3）水电情况：水压、电压、供应情况、冷水水温。

（4）确定系统的设置场所：

太阳能集热器被允许安装的地方可以是斜屋面，也可以是平屋面、住宅的阳台（垂直安装）、建筑立面上。

太阳能集热器接收阳光的最佳倾角即当地纬度（上海地区是31°12′）±10°，冬季使用：上海地区纬度加10°；春夏秋三季使用：上海地区纬度减10°。除此之外，无论是水平安装、垂直安装或倾角大于或小于±10°者，均须按实际建筑允许的面积乘以折减系数（可根据厂家提供的折减系数来执行）。

（5）太阳能集热器面积估算：

太阳能集热器的面积应根据热水用量、建筑允许的安装面积、上海的气象条件、供水水温等因素综合确定。

初期工程估算水量：对于春夏秋三季用太阳能热水器，一般供水量与集热器面积比：100L/m^2；对于全年使用太阳能热水器，上海地区取 100L/1.8＝55L/m^2。

4. 上海的气象条件：

（1）全年太阳辐射情况：

根据国家气象中心提供的 2001 年全国各地日均及年总辐射数据（《中国气象辐射资料年册》，2001 年），上海的太阳辐射情况如下：

春分秋分所在月水平面上日均太阳辐射量平均值为 16.61MJ/m^2，如表 5.1.2 所示。

月水平面上日均太阳辐射量（MJ/m^2）　　**表 5.1.2**

月份	1月	2月	3月	4月	5月	6月	7月	8月	9月	10月	11月	12月
日均辐射量	6.54	7.76	14.39	14.88	16.46	13.16	18.64	13.90	16.69	13.49	9.00	5.06
年总辐射量	4571.74											

9 月份太阳辐射量（秋分所在月）：单位（kJ/m^2）

日期	1号	2号	3号	4号	5号	6号	7号	8号	9号	10号
辐射量	22.51	22.49	17.88	11.64	15.23	21.99	21.62	18.64	20.39	17.04
日期	11号	12号	13号	14号	15号	16号	17号	18号	19号	20号
辐射量	18.31	20.81	23.05	21.27	22.03	22.39	14.84	13.28	21.13	15.95
日期	21号	22号	23号	24号	25号	26号	27号	28号	29号	30号
辐射量	13.09	17.28	20.88	14.63	18.61	18.25	19.07	19.94	14.89	8.05

（2）太阳能资源：上海是一个典型的夏热冬冷地区，其气候特点是：夏季闷热、冬季湿冷、昼夜温差小、年降水量大、日照偏小。

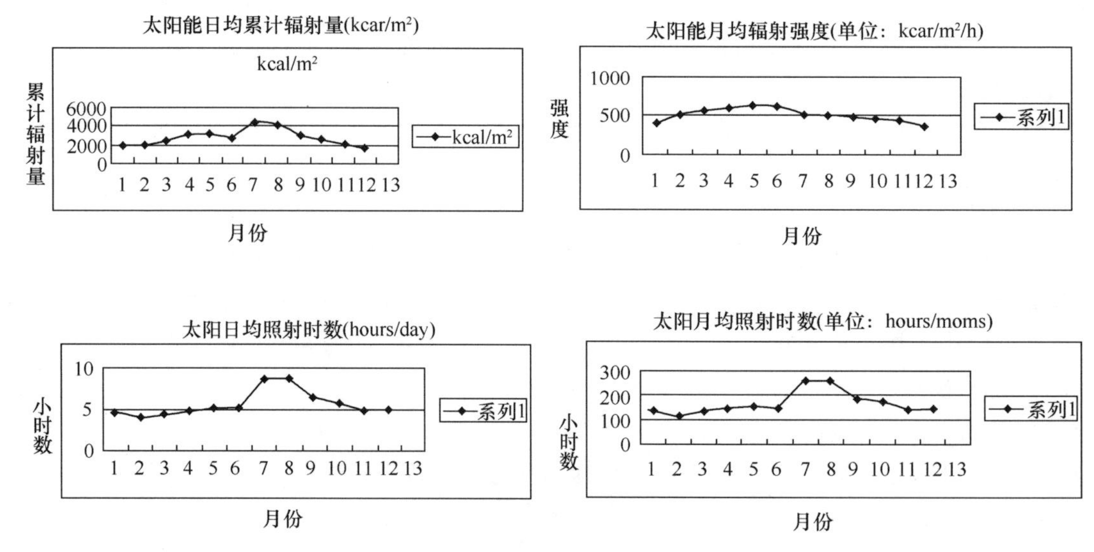

图 5.1.2　太阳能日（月）均辐射量

根据 1969～2004 年的有关太阳能的综合检测统计资料（如图 5.1.2 所示）可知：

1）上海地区的太阳能辐射强度在 410～698kcal/(m^2·h)(0.47～0.81kW/m^2)之间，平均值为 554kcal/(m^2/h)(0.64kW/m^2)，最大与最小的差别高达 1.7 倍。上海地区的太阳年辐照时数为 2014h 左右。

2）上海地区的太阳日平均辐射量在 11 月份、12 月份、1 月份和 2 月份为 10MJ/(m^2·d) 以下，在 3 月份、4 月份、5 月份、6 月份、9 月份和 10 月份都在 11.5MJ/(m^2·d) 以上，而在 7 月份和 8 月份则高达 18MJ/(m^2·d)以上。

由此可见，上海地区在 11 月份、12 月份、1 月份和 2 月份的可利用太阳能量值较小，加上环境温度低、耗损大，需要依靠电能或其他能源作为辅助能源。在 3～6 月份和 9 月份、10 月份的可利用太阳能量都在 11.5MJ/(m^2 · d)以上，环境温度在 1℃以上，太阳能的日产水量（温升 3℃以上）一般不会低于 50L/m^2，原则上不必使用辅助能源。在 7 月份和 8 月份是太阳能热量最丰富的月份，太阳能可能得不到充分利用。

上海年辐射量 4700MJ/m^2，相当于标准煤 150kg/m^2。

上海年均辐射时数超过 2000h，日照率超过 50%，每年的 4～10 月份为太阳辐照最丰富的时间。

按照我国太阳能资源分类，上海属于 3 类地区（资源一般区）。

5.1.3 太阳能热水系统分类与选择

1. 太阳能热水系统按使用压力可分为：承压系统和非承压系统。

2. 太阳能热水系统按运行方式可分为自然循环系统、强制循环系统和直流式系统。

3. 太阳能热水系统按生活热水与集热器内传热介质的关系可分为：直接系统和间接系统。

4. 太阳能热水系统按辅助能源设备与热水箱（罐）的组合方式可分为：内置加热系统和外置加热系统。

5. 太阳能热水系统按外形可分为：一体机和分体机。

6. 太阳能热水系统按集热方式可分为：平板系统和真空管系统。

7. 太阳能热水系统按辅助能源启动方式可分为：全日自动启动系统、定时自动启动系统和按需手动启动系统。

8. 太阳能热水系统设计选用表见表 5.1.3-1。

太阳能热水系统设计选用表 **表 5.1.3-1**

建筑物类型			居住建筑			公共建筑		
			低层	多层	高层	宾馆医院	游泳馆	公共浴室
太阳能热水系统类型	集热与供热水范围	集中供热水系统	●	●	●	●	●	●
		集中-分散供热水系统	●	●	—	—	—	—
		分散供热水系统	●	—	—	—	—	—
	系统运行方式	自然循环系统	●	●	—	●	●	●
		强制循环系统	●	●	●	●	●	●
		直流式系统	—	●	●	●	●	●
	集热器内传热介质	直接系统	●	●	●	●	—	●
		间接系统	●	●	●	●	●	●
	辅助能源安装位置	内置加热系统	●	●	—	—	—	—
		外置加热系统	—	●	●	●	●	●
	辅助能源启动方式	全日自动启动系统	●	●	●	●	—	—
		定时自动启动系统	●	●	●	—	●	●
		按需手动启动系统	●	—	—	—	●	●

注：表中“●”为可选用项目。

9. 太阳能热水系统运行方式与适用范围见表 5.1.3-2、表 5.1.3-3。

常用分散太阳能热水系统一览表 **表 5.1.3-2**

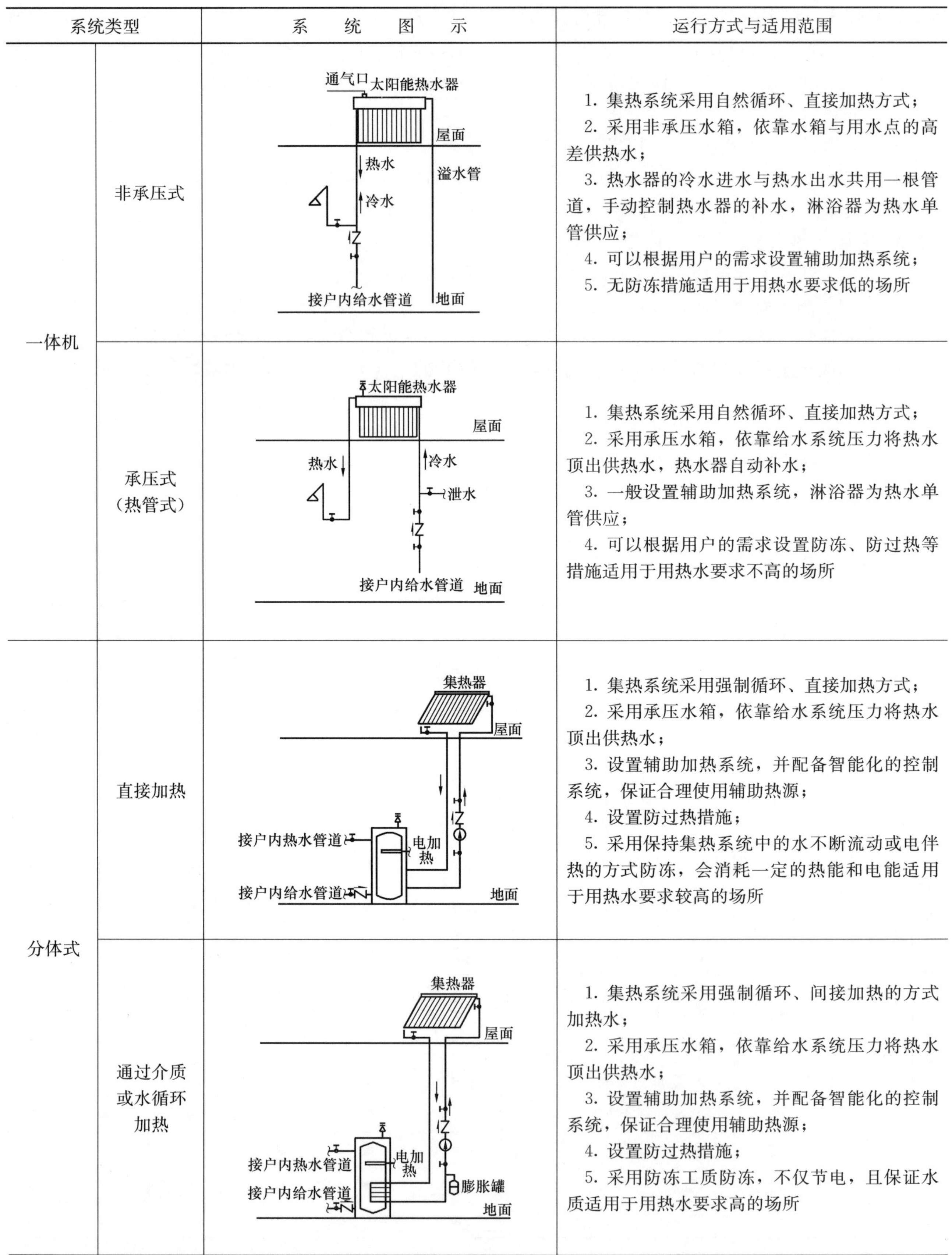

系统类型		系统图示	运行方式与适用范围
一体机	非承压式		1. 集热系统采用自然循环、直接加热方式； 2. 采用非承压水箱，依靠水箱与用水点的高差供热水； 3. 热水器的冷水进水与热水出水共用一根管道，手动控制热水器的补水，淋浴器为热水单管供应； 4. 可以根据用户的需求设置辅助加热系统； 5. 无防冻措施适用于用热水要求低的场所
	承压式（热管式）		1. 集热系统采用自然循环、直接加热方式； 2. 采用承压水箱，依靠给水系统压力将热水顶出供热水，热水器自动补水； 3. 一般设置辅助加热系统，淋浴器为热水单管供应； 4. 可以根据用户的需求设置防冻、防过热等措施适用于用热水要求不高的场所
分体式	直接加热		1. 集热系统采用强制循环、直接加热方式； 2. 采用承压水箱，依靠给水系统压力将热水顶出供热水； 3. 设置辅助加热系统，并配备智能化的控制系统，保证合理使用辅助热源； 4. 设置防过热措施； 5. 采用保持集热系统中的水不断流动或电伴热的方式防冻，会消耗一定的热能和电能适用于用热水要求较高的场所
	通过介质或水循环加热		1. 集热系统采用强制循环、间接加热的方式加热水； 2. 采用承压水箱，依靠给水系统压力将热水顶出供热水； 3. 设置辅助加热系统，并配备智能化的控制系统，保证合理使用辅助热源； 4. 设置防过热措施； 5. 采用防冻工质防冻，不仅节电，且保证水质适用于用热水要求高的场所

注：1. 本表图中集热器进出水管的位置仅为示意图，具体位置应根据实际产品确定。
2. 分离式系统目前多采用电辅助加热，有条件的工程可以采用其他的辅助热源。

常用集中太阳能热水系统一览表 **表 5.1.3-3**

系统类型		系统图示	运行方式与适用范围
直流式系统		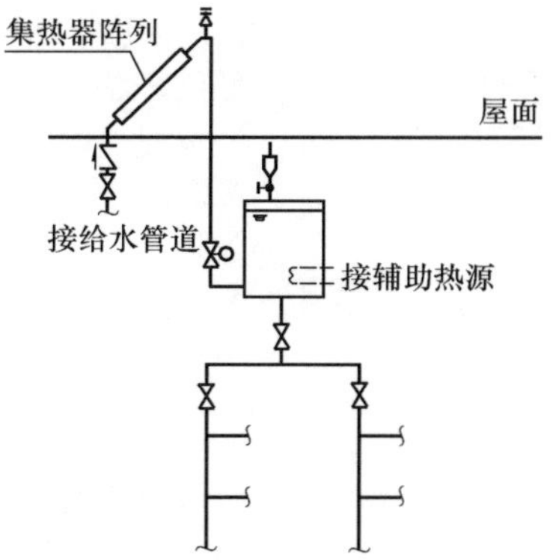	1. 集热系统采用定温放水的方式，当集热器放水点温度高于设定供水温度时，集热器与贮热水箱之间的电磁阀开启，将集热器中的热水放入贮热水箱； 2. 采用非承压水箱，低于集热器系统设置； 3. 当采用高位水箱时需依靠水箱与用水点的高差供热水，当采用低位水箱时需增设热水加压装置供热水； 4. 热水与空气接触，应采取保证水质的措施； 5. 辅助热源采用内置加热系统，当贮热水箱内的水温或水位低于设定值时开启辅助热源加热 适用于供热水规模小、用水时间固定、用水量稳定的建筑，如洗衣房、公共浴池
自然循环	单贮水装置直接加热系统	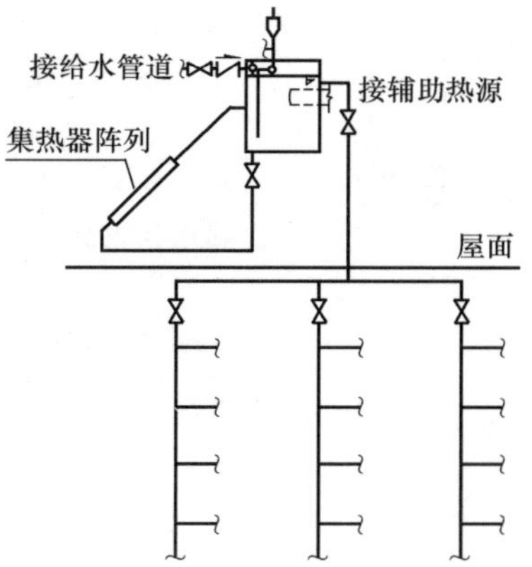	1. 集热系统采用自然循环、直接加热方式； 2. 水箱必须高于集热器，热水与空气接触，应采取保证水质的措施； 3. 采用非承压水箱，依靠水箱与用水点的高差供热水； 4. 辅助热源采用内置加热系统；当水箱内设定水位的水温低于设定值时，开启辅助热源加热； 5. 只能采用冬季排空的方式防冻 适用于供热水规模小、定时供应、用热水要求不高、冬季无冰冻地区的建筑。给水宜同样采用高位水箱供水的方式，保证冷热水压力平衡
	双贮水装置直接加热系统	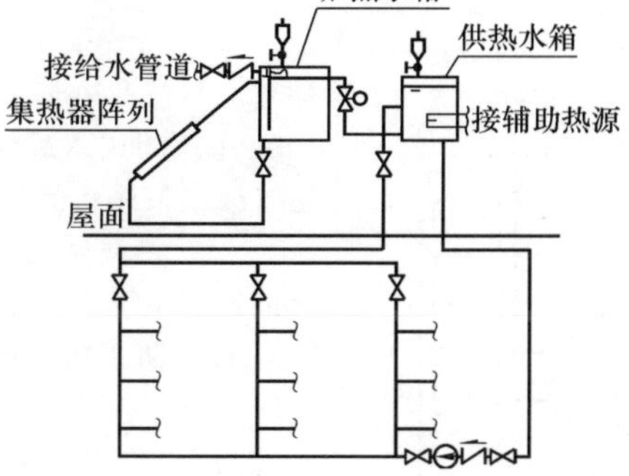	1. 集热系统采用自然循环、直接加热方式；贮热水箱必须高于集热器，且热水与空气接触，应采取保证水质的措施； 2. 当贮热水箱出水点温度高于设定供水温度或供热水箱水位过低时，开启贮热水箱与供热水箱之间的电磁阀，将贮热水箱中的热水放入供热水箱； 3. 采用非承压水箱，依靠水箱与用水点的高差供热水； 4. 辅助热源采用外置加热系统，当供热水箱内设定水位的水温低于设定值时，开启辅助热源加热； 5. 只能采用冬季排空的方式防冻，即冬季无法使用 适用于供热水规模小、全日制供应、用热水要求不高、冬季无冰冻地区的建筑。给水宜同样采用高位水箱供水的方式，保证冷热水压力平衡

续表

系统类型		系统图示	运行方式与适用范围
强制循环	单贮水装置直接加热系统	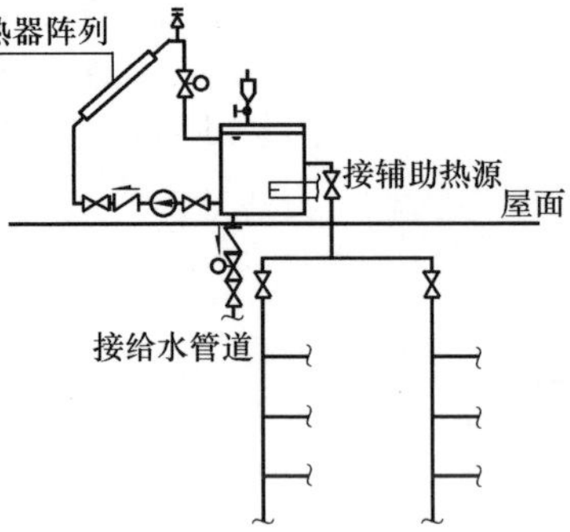 集热器阵列 接辅助热源 屋面 接给水管道	1. 集热系统采用强制循环、直接加热方式； 2. 采用非承压水箱，水箱设置位置灵活，可在高位依靠水箱与用水点的高差供热水；也可在低位，增设一套加压设备供热水； 3. 辅助热源采用内置加热系统，当贮热水箱内设定水位的水温低于设定值时，开启辅助热源加热； 4. 寒冷地区可采用排回防冻措施 适用于对建筑美观要求高、供热水规模小、用热水要求不高的建筑
	双贮水装置直接加热系统	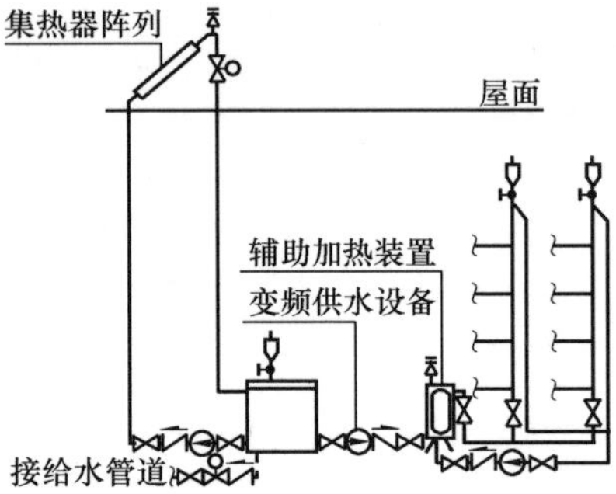 集热器阵列 屋面 辅助加热装置 变频供水设备 接给水管道	1. 集热系统采用强制循环、直接加热的方式加热，与辅助热源分置，太阳能预热； 2. 采用非承压水箱作为贮热水箱，闭式水罐（或小型热水锅炉）供热水； 3. 辅助热源采用外置加热系统，并配备智能化的控制系统，保证合理使用辅助热源； 4. 设置防过热措施； 5. 可以采用排回防冻措施，冬季运行可靠 适用于对建筑美观要求高、供热水规模大、供热水要求高的建筑
	单贮水装置间接加热系统	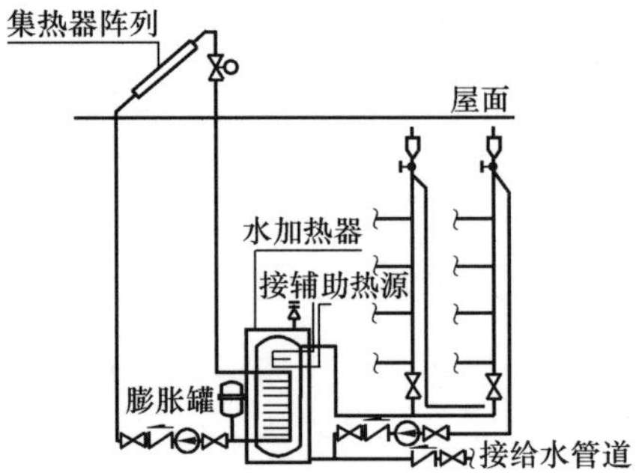 集热器阵列 屋面 水加热器 接辅助热源 膨胀罐 接给水管道	1. 集热系统采用强制循环、间接加热方式加热； 2. 采用承压水加热器；依靠给水系统压力供热水，水加热器可根据建筑需要灵活设置； 3. 辅助热源采用内置加热系统，当水加热器内设定水位的水温低于设定值时，开启辅助热源加热； 4. 一般采用防冻工质防冻方式 适用于对建筑美观要求高、供热水规模小、供热水要求高的建筑
	双贮水装置间接加热系统	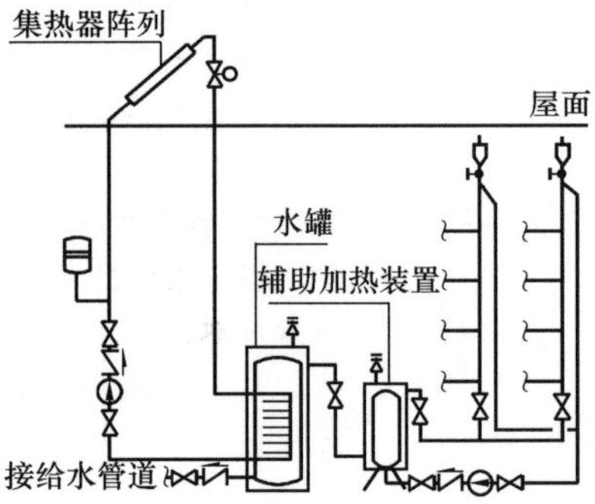 集热器阵列 屋面 水罐 辅助加热装置 接给水管道	1. 集热系统采用强制循环、间接加热的方式加热，与辅助热源分置，太阳能预热； 2. 采用闭式水罐作为贮热水箱、辅助加热装置（或小型热水机组）供热水； 3. 辅助热源采用外置加热系统，并配备智能化的控制系统，保证合理使用辅助热源； 4. 设置防过热措施； 5. 采用防冻工质防冻方式，冬季运行可靠 适用于对建筑美观要求高、供热水规模较大、供热水要求高的建筑

5.1.4 太阳能集热器

1. 太阳能集热器的形式见图 5.1.4-1。

直流管（EDF）将辐射转化成热能，是通过真空玻璃管内的一个吸收面进行的。这个吸收面由铝组成，并且有一个高效率太阳光选择性吸收膜，这个面与一个同轴的铜管系统进行金属传导面连接。在工程中可以通过旋转直流管，或多或少地补偿屋顶倾斜角与朝南位置的偏差，见图 5.1.4-2。

从集热模块种类分
- 平板式
- 真空管
  - 非承压
  - 承压
    - U形管（防冻管）
    - 超导热管
    - 直流管

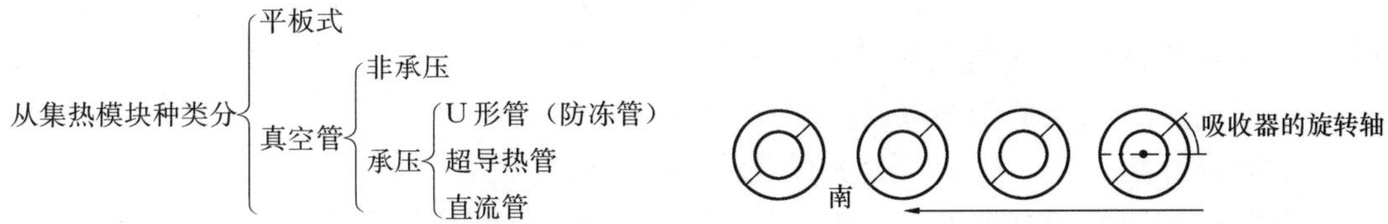

图 5.1.4-1　太阳能集热器的形式

图 5.1.4-2　旋转直流管可补偿屋顶倾斜角与朝南位置的偏差

2. 集热器选用表：

集热器类型应根据太阳能热水系统在一年中的运行时间、运行期内最低环境温度、水质条件、经济条件、维护管理等多方面因素综合考虑后选用，见表 5.1.4。

集热器选用表　　　　**表 5.1.4**

选用要素		集热器类型			
		平板型	全玻璃真空管型	金属-玻璃真空管型	U形管集热管型或直流管型
特　征		金属吸热板，板框式结构	双层玻璃管，水流经玻璃管	外层玻璃，内层金属吸热板，不流经金属板	通过介质循环二次加热，介质流经集热器和循环加热水箱
运行期内最低环境温度	高于 0℃	可用	可用	可用	可用
	低于 0℃	不可用①	可用②	可用	可用
集热效率③		低	中	高	高
运行方式		承压、非承压	非承压	承压、非承压	承压
与建筑外观结合程度		好	一般	较好	好
易损程度		低	高	低	低
价格		低	中	高	高

注：① 采用防冻措施后可用。
② 如不采用防冻措施，应注意最低环境温度值及阴天持续时间。
③ 本项指全国范围内全年的集热效率。在环境温度常年高于 0℃的地区，或只在夏季使用的系统，平板型集热效率略高于全玻璃真空管型。

3. 集热器的安装要求：

太阳能集热器可安装在建筑屋面、阳台、墙面和建筑其他部位。

集热器安装布置：

（1）集热器安装倾角（集热器与水平面的夹角）宜等于当地纬度；如系统侧重在夏季使用，其安装倾角等于当地纬度减 10°；如系统侧重在冬季使用，其安装倾角等于当地纬度加 10°。当采用水平热管集热器时，安装倾角可以为 0°。

（2）集热器安装方位（集热器采光面法线）宜朝向正南或南偏东、偏西 30°的朝向范围内设置。

（3）集热器不宜安装在受建筑自身及周围设施和绿化树木遮挡的部位，且宜满足不少于 4h 日照时数的要求。

（4）集热器不应跨越建筑变形缝设置。

（5）应根据集热器的形式、安装面积、尺寸大小进行细部设计，确定其在建筑上的安装位置和安装方式（一体式、叠合式、支架式等）。

（6）集热器与遮光物或集热器前后排间的最小距离按下式1计算：

$$D = H \cdot \cot\alpha_s \qquad (5.1.4)$$

式中 D——集热器与遮光物或集热器前后排间的最小距离（m）。

H——遮光物最高点与集热器最低点的垂直距离（m）。

α_s——太阳高度角（°）。对季节性使用的系统，宜选当地春分日、秋分日正午的太阳高度角；对全年性使用的运行系统，宜选当地冬至日正午的太阳高度角。上海地区正午12点太阳高度角是：夏至日82°15′，春分日、秋分日58°48′，冬至日35°21′。

（7）集热器可通过并联、串联和串并联等方式连接成集热器组，应符合下列要求：

1）集热器组中集热器的连接尽可能采用并联，串联的集热器数目应尽可能少。

2）对于自然循环系统，集热器组中集热器的连接宜采用并联。平板型集热器每排并联数目不宜超过16块。

3）全玻璃真空管东西向放置的集热器，在同一斜面上多层布置时，串联的集热器不宜超过3块（每块集热器联箱长度不大于2m）。

4）对于自然循环系统，每个系统全部集热器的数目不宜超过24块。大面积自然循环系统，可以分成若干个子系统，每个子系统中集热器数目不宜超过24块。

4. 太阳能集热器位置选择：

（1）太阳能集热器设置在平屋面上，应符合下列要求：

1）对朝向为正南、南偏东或南偏西不大于30°的建筑，集热器可朝南设置或与建筑同向设置。

2）对朝向南偏东或南偏西大于30°的建筑，集热器宜朝南设置或南偏东、南偏西小于30°设置。

3）对受条件限制、集热器不能朝南设置的建筑，集热器可朝南偏东、南偏西或朝东、朝西设置。

4）水平放置的集热器可不受朝向的限制。

5）集热器应便于拆装移动。

6）集热器之间的连接应使每个集热器的传热介质流入路径与回流路径的长度相同。

7）在平屋面上宜设置集热器检修通道。

（2）太阳能集热器设置在坡屋面上，应符合下列要求：

1）集热器可设置在南向、南偏东、南偏西或朝东、朝西建筑坡屋面上；

2）坡屋面上的集热器应采用顺坡嵌入设置或顺坡架空设置；

3）作为屋面板的集热器应安装在建筑承重结构上；

4）作为屋面板的集热器所构成的建筑坡屋面在刚度、强度、热工、锚固、防护功能上应按建筑围护结构设计。

（3）太阳能集热器设置在阳台上，应符合下列要求：

1）对朝南、南偏东、南偏西或朝东、朝西的阳台，集热器可设置在阳台栏板上或构成阳台栏板；

2）低纬度地区设置在阳台栏板上的集热器和构成阳台栏板的集热器应有适当的倾角；

3）构成阳台栏板的集热器，在刚度、强度、高度、锚固和防护功能上应满足建筑设计要求。

（4）太阳能集热器设置在墙面上，应符合下列要求：

1）在高纬度地区，集热器可设置在建筑的朝南、南偏东、南偏西或朝东、朝西的墙面上，或直接构成建筑墙面；

2）在低纬度地区，集热器可设置在建筑南偏东、南偏西或朝东、朝西墙面上，或直接构成建筑墙面；

3）构成建筑墙面的集热器，其刚度、强度、热工、锚固、防护功能应满足建筑围护结构设计要求。

（5）嵌入建筑屋面、阳台、墙面或建筑其他部位的太阳能集热器，应满足建筑围护结构的承载、保温、隔热、隔声、防水、防护等功能。

（6）架空在建筑屋面和附着在阳台或墙面上的太阳能集热器，应具有相应的承载能力、刚度、稳定性和相对于主体结构的位移能力。

（7）安装在建筑上或直接构成建筑围护结构的太阳能集热器，应有防止热水渗漏的安全保障设施。

5.1.5 系统设计

系统设计应遵循节水节能、经济实用、安全简便、便于计量的原则。根据建筑形式、辅助能源种类和热水需求等条件，宜按表 5.1.3-2 选择太阳能热水系统。

1. 集热器面积计算：

（1）直接系统集热器总面积按下式计算：

$$A_{jz}=\frac{q_{rd}C\rho_{r}(t_{r}-t_{l})f}{J_{t}\eta_{j}(1-\eta_{l})} \tag{5.1.5-1}$$

式中 A_{jz}——直接加热系统集热器总面积（m^2）。

q_{rd}——设计日用热水量（L/d），可按现行有关规范（规程）中热水用水定额下限取值。

t_r——贮水箱内热水的设计温度（℃），t_r=60℃。

t_l——贮水箱内水的初始温度（℃）。

f——太阳能保证率（%）；根据系统使用期内的太阳辐照、系统经济性及用户要求等因素综合考虑后确定，宜为 30%～80%。

J_t——上海地区集热器采光面上的年平均日太阳辐照量[kJ/(m^2·d)]，见表 5.1.2。注：当集热器间距不能满足式 5.1.4 的计算值时，应按照集热器实际接受日照时间段内的太阳辐照量(参见建筑用气象数据)计算 J_t。

η_j——集热器年平均集热效率。根据经验取值宜为 45%～50%，具体取值可按集热器产品实测数据定。

η_l——贮水箱和管路的热损失，根据经验可取 15%～30%。

C——水的定压比热容，c=4.187（kJ/℃）。

ρ_r——热水密度（kg/L），见表 5.1.5-1。

不同水温热水密度 **表 5.1.5-1**

温度（℃）	40	42	44	46	48	50	52	54	56	58	60	62	64	66	68	70
密度（kg/L）	0.9922	0.9915	0.9907	0.9898	0.9889	0.9881	0.9871	0.9862	0.9852	0.9842	0.9832	0.9822	0.9800	0.9800	0.9789	0.9778

（2）间接系统的集热器总面积按下式计算：

$$A_{jj}=A_{jz}\times\left(1+\frac{F_{R}U_{L}\cdot A_{jz}}{K\cdot F_{jr}}\right) \tag{5.1.5-2}$$

式中 A_{jj}——间接系统集热器总面积（m^2）。

F_RU_L——集热器总热损系数[kJ/(m^2·℃·h)]；对于平板型集热器，F_RU_L 一般取 14.4～21.6[kJ/(m^2·℃·h)]；对于真空管集热器，F_RU_L 一般取 3.6～7.2[kJ/(m^2·℃·h)]；具体数值应根据集热器产品的实际测试结果而定。

K——水加热器传热系数[kJ/(m^2·℃·h)]，见表 5.1.5-3。

F_{jr}——水加热器换热面积（m^2）。

太阳能热水系统应根据冷水硬度、气候条件、冷热水供水压力平衡要求等确定加热方式：

1）在冷水总硬度大于 150mg/L（以 $CaCO_3$ 计）的冬季寒冷地区，用户对水压稳定要求较高的场所宜选用间接加热供水系统；

2）在冷水总硬度小于等于 150 mg/L（以 $CaCO_3$ 计）的冬季非寒冷地区，用户对水压稳定要求一般的场所宜选用直接加热供水系统。

选择太阳能集热器的耐压要求应与系统的工作压力相匹配。

2. 太阳能集热系统贮热水箱（罐）的计算：

根据集热系统与供水系统的设计要求，分别计算两个系统的贮热水容积（$V_{集}$ 和 $V_{供}$），取二者的大值定为太阳能热水系统的贮热水容积。

（1）$V_{集}$ 按照下式计算：

$$V_{集} = q_{rjd} \times A_j \tag{5.1.5-3}$$

式中 $V_{集}$——集热系统贮热水箱（罐）有效容积（L）。

A_j——太阳能集热器采光面积（m^2）。

q_{rjd}——集热器单位采光面积平均每日的产热水量[$L/(m^2 \cdot d)$]，具体数值应根据当地日照条件、集热器产品的实际测试结果而定。无条件时可根据太阳能行业的经验数值(当地太阳能辐照量、集热器集热性能、集热面积的大小等)选取，对于直接加热系统，$q_{rj}d=40\sim100[L/(m^2 \cdot d)]$，取值范围可参照表 5.1.5-2；对于间接加热系统，$q_{rjd}=30\sim70[L/(m^2 \cdot d)]$。

直接加热系统单位采光面积平均每日的产热水量　　表 5.1.5-2

等　级	太阳能条件	单位采光面积产热水量［L/（$m^2 \cdot d$）］
Ⅰ	资源丰富区	70～100
Ⅱ	资源较富区	60～70
Ⅲ	资源一般区（上海地区）	50～60
Ⅳ	资源贫乏区	40～50

注：产热水温度为 45～50℃。

（2）$V_{供}$ 的计算：采用分散热水供应方式时，$V_{供}$ 应等于用户每日的热水用量；采用集中热水供应方式时，$V_{供}$ 的贮热量应根据选用的辅助加热设备的类型、工作方式，按照《建筑给水排水设计规范》（GB 50015—2003）的要求计算。

3. 集热系统循环泵计算：

（1）集热系统循环泵流量按下式计算：

$$q_x = q_{gz} A_j \tag{5.1.5-4}$$

式中 q_x——集热系统循环泵流量（L/s）。

q_{gz}——单位采光面积集热器对应的工质流量[$L/(s \cdot m^2)$]。应按集热器产品实测数据确定，无条件时也可按照经验值 0.015～0.02[$L/(s \cdot m^2)$]估算(该值是对应采光面积进行集热器效率测试时规定的流量范围)。

A_j——太阳能集热器采光面积（m^2）。

（2）开式太阳能集热系统循环泵扬程按下式计算：

$$H_x = h_p + h_e + h_j + h_z + h_f \tag{5.1.5-5}$$

式中 H_x——循环泵扬程（kPa）。

h_p——集热系统循环管道沿程与局部阻力损失（kPa）。

h_e——集热器间接换热设备的阻力损失（kPa），按相应的间接换热设备取值。

h_j——循环流量流经集热器的阻力损失（kPa），$h_j = H_c n$。

H_c——单块集热器阻力（kPa）。应根据实测曲线按照实际工作流量确定，也可按照经验值 1kPa 估算（该值对应的单块集热器采光面积约 $2m^2$）。

n——集热循环系统中产生阻力的集热器块数，即集热器组中串联集热器最多一组的块数。

h_z——集热器与贮热水箱之间的几何高差（kPa）。

h_f——为保证换热效果的附加压力（kPa），一般取 20～50kPa。

（3）闭式太阳能集热系统循环泵扬程按下式计算：

$$H_x = h_p + h_e + h_j + h_f \quad (5.1.5\text{-}6)$$

4. 换热设备：

间接太阳能热水系统的换热设备应根据水质硬度、冷热水系统压力平衡要求、系统形式、系统大小等条件，经技术经济比较后选择。

（1）水质总硬度大于 150mg/L（以 $CaCO_3$ 计），且冷热水压力平衡要求较高的系统宜选择半容积式、导流型容积式水加热器。

（2）水质总硬度小于等于 150 mg/L(以 $CaCO_3$ 计)，且冷热水压力平衡要求低的系统可选择快速水加热器或半即热式水加热器。

（3）换热设备的换热面积按下式计算：

$$F_{jr} = \frac{C_r \cdot Q_z}{\varepsilon K \Delta t_j} \quad (5.1.5\text{-}7)$$

式中 F_{jr}——换热设备的换热面积（m^2）；

Q_z——集热系统的换热量（kJ/h），按下式计算；

$$Q_z = k_t \times f \times q_{rd} \times (t_e - t_L) \times C \times \rho_r \times 1000/(3600 \times S_y) \quad (5.1.5\text{-}8)$$

k_t——太阳辐照度时变化系数，一般取 1.5～1.8，取高限时有利于太阳能利用；

S_y——年平均日日照小时数（h/d）；

K——传热系数[kJ/(m²·℃·h)]，参考值见表 5.1.5-3；

ε——由于水垢和热媒分布不均匀影响热效率的系数，一般为 0.6～0.8；

Δt_j——热媒与被加热水的计算温度差（℃），可按 5～10℃取值；

C_r——集热系统热损失系数，一般为 1.1～1.2。

换热设备的传热系数 *K* 参考值 **表 5.1.5-3**

类　　型	容积式水加热器	导流型容积式水加热器	半容积式水加热器	半即热式水加热器	板式换热器
K[kJ/(m²·℃·h)]	1368～1476	2448～5400	2916～9000	5760～7560	7200～10800

注：1. 当设备厂家能提供经测试的 K 值时，应以厂家提供的 K 值为依据。

2. 当参考上表选用 K 值时，可依据换热工况、允许的阻力损失等参考《全国民用建筑工程设计技术措施给水排水》有关条款等选用。

（4）换热设备的数量不宜少于两台，一台换热设备检修时，其余各台的总换热能力不得小于集热器产热量 Q_z 的 50%。

5. 辅助热源设备选用：

太阳能热水系统应设辅助热源及其加热设施，其设计计算应符合下列要求：

①辅助热源可因地制宜选择城市热网、燃气、燃油、电、热泵等。

②辅助热源的供热量宜按《建筑给水排水设计规范》（GB 50015—2003）规定的系统耗热量计算；在村镇或市政基础设施配套不全、热水用水要求不高的地区，可根据当地的实际情况，适当降低辅助热源的供热量标准。

③辅助热源加热设备应根据热源种类、供水水质、冷热水系统形式等选用直接加热或间接加热设备。设计应符合《建筑给水排水设计规范》（GB 50015—2003）的有关要求。

④辅助热源及其加热设施应在保证太阳能集热系统充分工作的条件下辅助运行。

（1）辅助热源设备选用：

1）辅助热源及其加热设施应结合热源条件、系统形式及太阳能供热的不稳定状态等因素，经经济技术比较后合理选择、配置。上海地区宜按无太阳能热水系统状态配置。

2）当采用集中热水供应系统时，配置宜不少于两套；一套检修时，其他各套加热设备的总供热能力不小于50%的系统耗热量。

3）当采用分散热水供应系统时，加热设备通常为一套电或燃气热水器；采用快速式燃气热水器时，该热水器的允许进水温度应能满足集热系统出水温度的要求。

4）辅助热源设备可参照表5.1.5-4选用。

辅助热源设备选用表 **表5.1.5-4**

市政热力	优先利用工业余热、废热、地热等市政热力，通过热交换器与太阳能组合供热
热泵	根据当地的地热资源、气候、地质等条件，可选用空气源热泵、水源热泵
燃气	可采用燃气锅炉、贮水式热水器、快速式热水器、燃气热水机组
燃油	可采用燃油锅炉、燃油热水机组
电	可采用热水机组、电锅炉、贮水式热水器、快速式热水器，应充分利用低谷电
沼气	沼气热水器（农村地区专用）

（2）辅助热源加热设备设置：

1）建筑设计中应留有相应的位置，满足其技术要求，确保辅助热源设施安全运行及安全操作、维护。

2）辅助热源宜靠近贮热水箱（罐）设置，并应便于操作、维护。

3）辅助能源启动方式分为手动启动、全日自动启动和定时自动启动三种。启动方式直接关系到太阳能热水系统的节能效果，应结合不同的热水供应方式，采用适宜的控制方式。

（3）热水供应系统设计与设备选用：

1）根据已有的热水设计条件、使用要求、耗热量及用水点的分布，结合热源情况，合理选用热水供应系统。

2）热水负荷计算。宜按照当地的用水习惯，对类似用户进行测试或调查，根据卫生器具完善程度和地区条件，并参照《建筑给水排水设计规范》（GB 50015—2003）的规定，确定当地的热水用水定额，并按照《建筑给水排水设计规范》GB 50015—2003）的规定计算系统耗热量、热水量和加热设备的供热量。

6. 管路和水箱设置及要求：

（1）应采取措施保证冷热水系统压力平衡，系统冷、热水压差不宜超过0.02MPa。

（2）按照《建筑给水排水设计规范》（GB 50015—2003）的规定进行保温，保证系统的供水温度。

（3）室外管路采用防冻布置，即管路中不得有滞留水的管路死角，按照水可以排出的方向顺坡布置。

（4）管路安装应符合《建筑给水排水及采暖工程施工质量验收规范》（GB 50242—2002）的相关要求。

（5）管道设计应合理有序安排走向，室外管线宜隐蔽设置，则应具有一定建筑装饰效果。管线应在预埋的套管中穿过围护结构。

（6）竖向管线宜设在竖向管道井中，做到既安全隐蔽，又便于维护、检修。室内水平管线应隐蔽设置，如采用在楼板和墙体面层中设置水平管道沟槽，管线隐蔽于吊顶内等构造措施，隐蔽工程内的管线应无接头。

（7）管材选用要点如下：

1）集热系统采用的管材及管件，应符合现行产品标准的要求。管道的工作压力和工作温度不得大于产品标准标定的允许工作压力和工作温度。

2）集热系统宜采用金属管材及管件，并应采取防止管材腐蚀的措施。

（8）水箱的选用。除应满足《建筑给水排水设计规范》（GB 50015—2003）的规定外，还应符合下列要求：

1）钢板焊接的水箱，水箱内外壁均应按设计要求做防腐处理，防腐涂料应卫生、无毒，且应能承受所贮存热水的最高温度。

2）内置电加热的水箱，内箱应作接地处理，接地应符合现行国家标准《电气装置安装工程接地装置施工及验收规范》（GB 50169）的要求。

3）水箱的构造和配管应符合《建筑给水排水设计规范》（GB 50015—2003）第 3.2.12、5.4.14 条规定。

（9）热水箱（罐）的设置应符合下列要求：

设置热水箱除应满足《建筑给水排水设计规范》（GB 50015—2003）的规定外，还应符合下列要求：

1）热水箱（罐）宜设置在室内，有条件可设置在单独的设备间。采用集中太阳能热水系统时，宜设置在地下室、屋顶层的设备间、技术夹层中的设备间或单独的设备间内。其位置应保证其安全运转以及便于操作、检修。

2）设置热水箱（罐）的位置应具有相应的排水、防水措施。

7. 系统的计量与控制：

（1）系统的计量方式：

分散太阳能热水供应统以户为单位，不需计量；集中太阳热水供应系统宜设置计量装置。

（2）系统的控制方式：

1）太阳能热水系统应设置集热系统运行控制、辅助热源的自动切换控制、防冻控制、防过热控制。集中热水供应系统还应设置热水循环控制。

2）控制方式应简单、可靠，便于用户操作，宜设置可数字化显示的控制仪表盘，重点显示每日系统的太阳的热量、辅助热源用量、供水温度、管网温度、贮热水箱（罐）水温等，便于用户直观了解该系统所节约的能源量。

3）为保证系统的功能与安全，应相应设置电磁阀、温度控制阀、压力控制阀、泄水阀、自动排气阀、止回阀、安全阀等控制元件。产品应符合相关产品标准的要求，并预留检修空间。

4）系统控制应符合下列要求：

①强制循环系统宜采用温差控制；

②直流式系统宜采用定温控制；

③直流式系统的温控器应有水满自锁功能；

④集热器用传感器应能承受集热器的最高空晒温度，精度为±2℃；贮水箱用传感器应能承受100℃，精度±2℃。

8. 防冻与防过热措施：

（1）在寒冷地区宜采用循环法防冻方式和防冻介质防冻方式。

（2）常用的循环介质为水、乙二醇和丙三醇，应由专业公司根据系统所在地的气候条件、防冻介质的冰点、系统的防腐要求等，确定循环介质的配比。

（3）在非严寒地区，偶尔冰冻的地区宜采用排空法防冻方式、贮热水箱中的水逆循环防冻方式或电伴热措施。

（4）应设置防过热措施，可在系统中设置安全阀等泄压装置。供热水箱（罐）的水温超过75℃或系统内的压力超过设定的安全压力，安全阀打开排热水。在系统产水量大于 1000～2000 L/d 时，可在系统中设置三通阀将过热水旁通至板式热交换器后经散热器散热到额定温度后再回流到系统内。

(5) 太阳能热水系统设计可以参考以下国家标准图集：集中系统可参考《太阳能集中热水系统选用与安装》(06SS128)，分散系统可参考《住宅用热水器选用与安装》(01SS126)。

9. 集热器的防雷和接地：

(1) 集热器的防雷必须在确认建筑物的防雷系统合格的情况下对其热水系统进行防雷设计：

1) 避雷针高度及安装位置应按照要保护的范围来确定。

2) 太阳能热水器支架、水箱等金属部件必须有可靠的金属连接，并且每台（每组）热水器有两处与建筑物顶部的避雷带进行可靠焊接；避雷针与避雷带进行可靠焊接。

(2) 系统接地：

1) 太阳能热水系统中所使用的电器设备应有剩余电流保护、接地和断电等安全措施。

2) 系统应设专用供电器路。内置加热系统器路应设置剩余电流动作保护装置。保护动作电流值不得超过 30mA。

10. 集热器的防风措施：

屋面设置的集热器应考虑风荷载的影响。抗震设计时应计算重力荷载、风荷载和地震作用效应。

5.1.6 不同设计阶段中各相关专业及太阳能热水器专业公司与给水排水专业的配合工作

1. 方案阶段：

(1) 太阳能热水系统方案设计应与建筑方案设计同步进行；

(2) 专业公司根据给水排水专业提供的建筑物的设计日热水用量、热水使用工况、热水供应系统的布置方式、可选用的辅助热源种类，与给水排水专业共同确定集热系统形式、运行方式；

(3) 给水排水专业在综合考虑业主需求基础上选择适用的太阳能热水系统类型，提供初步计算出的所需集热器面积、贮热水箱的容积等主要设计条件；

(4) 建筑专业根据模拟日照分析，得出集热器适宜的安装范围和安装位置，确定建筑的朝向、间距、建筑形体组合及屋面、外立面形式。

2. 扩初阶段：

(1) 建筑专业根据给水排水专业提供的集热器类型、面积、安装倾角及方位角，确定集热器安装位置，以便给排水专业调整计算，确定最终的集热器面积，进行贮热水箱（罐）、辅助能源设计；

(2) 建筑专业确定热水系统与建筑（建筑的造型、平面功能）结合的方式，进行集热器安装基座定位设计；

(3) 建筑专业合理安排用水空间（厨房、卫生间）、贮热水箱（罐）及辅助能源加热设备的安放位置、管笼的定位和平面尺寸。

3. 施工图阶段：

(1) 建筑专业：

1) 根据给排水专业提供贮热水箱及外置式辅助加热设备的体积、尺寸、安装使用要求，合理设计贮热水器空间或设备间。

2) 协助给水排水专业确定系统管道的走线方式，管井的位置、尺寸及构造方案。

3) 管道穿越屋面、外墙处应根据给排水专业提供管道穿越处的具体定位（包括管道的规格、型号、数量和穿越位置、标高等）预留防水套管。

4) 预留集热器施工安装、日常维护检修的通道、护栏、并对安装集热器的部位采取建筑防水、保温构造、保护措施等。

5) 太阳能集热器安装设计，应符合下列要求：

①在建筑出入口和人行通道上空安装集热器时，应设计建筑防护措施，人行通道不宜紧贴建筑，入口上方应设雨篷，防止发生集热器掉落伤人事故；

②在安装太阳能集热器的建筑部位，应设置防止太阳能集热器损坏后部件坠落伤人的安全防护

设施；

③设置在阳台栏板上的太阳能集热器支架应与阳台栏板上的预埋件牢固连接；

④由太阳能集热器构成的阳台栏板，应满足其刚度、强度及防护功能的要求。

（2）结构专业：

1）太阳能热水系统的结构设计应为太阳能热水系统安装埋设预埋件或其他连接件。连接件与主体结构的锚固承载力设计值应大于连接件本身的承载力设计值。

2）太阳能热水器安装节点做法可以参见国家标准图集《住宅用热水器选用与安装》（01SS126）。

3）根据给水排水专业提供的集热器形式和安装尺寸，确定安装预埋位置以及预留孔洞位置，当集热器安装在砌体墙上时，应在预埋件处增设构造柱。非结构受力构件如轻质填充墙上不得设置集热器。

4）根据给水排水专业提供管线位置、管道穿越结构构件的具体定位（包括管道的规格、型号、数量和穿越位置、标高等），确定预留孔洞和预埋套管位置。在结构重要部位（如梁，柱，抗震墙的暗柱、端柱等处）不得穿管。

5）根据给水排水专业提供的集热器、贮热水箱（罐）、辅助热源设备的安装预埋位置与荷载，进行荷载计算（包括自重荷载、装载荷载、雪荷载、风荷载、地震作用等）、预埋件计算和结构安全验算。

6）对建筑结构主体与设备支撑部件（安装支架）之间的连接件、连接部位的建筑结构构建进行强度与刚度验算；同时保证在正常维护下，连接件的材料、构造及设备支撑部件应至少与太阳热水器同寿命（15 年），其中连接件的材料及构造宜同建筑结构的使用年限。

（3）电气专业：

1）根据给水排水专业提供太阳能热水系统所需的用电功率（如循环泵、辅助电加热等）及位置，预留用电负荷及插座（宜选用防潮防溅型面板）位置，且插座回路设置漏电断路器。如具有远程控制功能，还应就近预留控制管线。

2）按照现行国家标准《电气设置安装工程接地装置施工及验收规范》（GB 50169）及《民用建筑电气设计规范》（JGJ/T 16），确定用电设备接地系统及安全措施设计方案。

3）太阳能热水系统中涉及的电气设计，应符合以下要求：

①太阳能热水系统所使用的电器设备应有剩余电流保护、接地和断电等安全措施。

②应设专用的供电回路，内置加热系统回路应设置剩余电流动作保护装置，保护动作电流值不超过 30mA。

③太阳能热水系统的电源线，应装设隔离电器和短路、过载及接地故障保护电器。

④当集热器成为建筑物顶部较高部件时，应做防雷保护；按照现行国家标准《建筑物防雷设计规范》（GB 50057）中的相关规定，在屋面接闪电保护范围之外的非金属物体应装设接闪器，并和屋面防雷装置相连。

⑤若太阳能热水系统中有电气线路引至屋面时，应根据建筑物的重要性采取相应的防止雷电波侵入的措施；在配电盘内，宜在开关的电源侧与外壳之间装设过电压保护器。

⑥凡正常不带电而当绝缘破坏或故障时有可能带电的一切电气设备金属外壳均应可靠接地；当采用分离式太阳热水器时，放置于室内的贮水装置其金属外壳应可靠接地。

（4）太阳能热水器专业公司：

1）专业公司应提供由国家认可的太阳能热水器检测单位出具的产品性能检测报告以及技术指标。

2）大型太阳能热水系统（水箱容积大于 600L）应提供如下内容：

①太阳集热器瞬时效率曲线：平板型太阳能集热器基于采光面积、进口介质温度 T_i^* 的瞬时效率截距 η_0 应不小于 0.70；以 T_i^* 为参考的总热损系数 U 应不大于 21.6kJ/(m^2 · K · h)。无反射器真空管型太阳能集热器基于采光面积、进口介质温度 T_i^* 的瞬时效果截距 η_0 应不小于 0.60，有反射器真空管型太阳能集热器基于采光面积、进口介质温度 T_i^* 的瞬时效率截距 η_0 应不小于 0.50；以 T_i^* 为参考的总

热损系数U应不大于15kJ/(m^2·K·h)。

②单位面积集热器的流量、阻力损失。

3）小型户用系统（水箱容积小于等于600L）应提供如下内容：

①单位面积集热器的流量：一定日太阳辐照量下，贮热水箱（罐）内的水温不低于规定值时，单位轮廓采光面积（太阳光投射到集热器的最大有效面积）贮热水箱（罐）内水的日得热量。紧凑式大于等于7.5MJ/m^2，分离式、间接式大于等于7.0MJ/m^2。

②太阳热水系统的平均热损因数：在无太阳幅照条件下的一段时间内，单位时间内、单位水体积太阳热水系统贮水温度与环境温度之间单位温差的平均热量损失。紧凑式、分离式小于等于22kJ/(m^3·℃)。

4）根据给水排水专业提供的集热器安装位置、贮热水箱（罐）安装位置、管道井位置，与给水排水专业共同确定集热面积、贮水箱间布置方式及相关管道接口位置。

5）专业公司应对设备支撑部件（如集热器支架）进行强度与刚度验算。

5.2 热泵生活热水系统

5.2.1 热泵系统概述

1. 热泵系统分为地源热泵系统和空气源热泵系统。

2. 热泵热水系统组成：

（1）地源热泵热水系统一般由低温热源、水源热泵、贮（换）热和热水管网等组成，有时也需设置辅助热源。

（2）空气源热泵热水系统一般由空气源热泵、辅助热源、贮（换）热和热水管网等组成。

3. 地源热泵系统按低温热源不同可分为：地下水地源热泵系统、地表水地源热泵系统和地埋管（也称土壤源）地源热泵系统。

4. 各种热源在设计中的特点：

（1）地下水地源：水温稳定，水质较好，水源热泵机组运行参数波动小，在设计中要注意回灌和防污染问题。

（2）地表水地源：水温随一年四季变化较大，水源热泵机组运行参数波动相对较大，且不同水域地表水的水质差距较大，在设计中要注意水质、水体环境影响和卫生防疫等问题。

（3）地埋管地源：与岩土的热工性能密切配合，岩土体的热工性能及稳定性差异较大，要由相关的试验确定其参数，设计中要注意释放热量和吸收热量的平衡问题，同时还要注意地埋管一旦泄漏检修比较困难的问题。

（4）空气源：气温和湿度随一年四季和一天早中晚的变化不稳定，空气源热泵机组运行参数波动较大，设计中要注意当地气象参数。

（5）总之，在地下水源充沛、水文地质条件适宜，并能保证回灌的地区，宜采用地下水源热泵热水供应系统；在沿江、沿海、沿湖、地表水源充足，水文地质条件适宜，及有条件利用城市污水、再生水的地区，宜采用地表水源热泵热水供应系统；在夏热冬暖的地区，宜采用空气源热泵热水供应系统。上海地区建议采用空气源热泵并设置辅助热源的热水供应系统，当有条件时也可采用地表水源热泵的热水供应系统。

5.2.2 热泵热水系统与其他热源价格分析

1. 独立地源热泵热水系统与燃气锅炉（热水机组）热水系统的日常能源费用相当；

2. 独立地源热泵热水系统比燃油锅炉（热水机组）热水系统的日常能源费用约降低1/3；

3. 独立地源热泵热水系统比电锅炉（热水机组）热水系统的日常能源费用约降低2/3。

5.2.3 地源热泵热水系统分类和适用条件

1. 按热水是否由水源热泵机组直接供给，地源热泵热水系统可分为直接供水系统和间接供水系统。

（1）直接供水系统的优点是热效率高，系统简单。缺点是在循环介质泄漏时会污染热水；冷水水质不好时可能造成热泵机组内冷凝器等结垢或阻塞，影响其使用寿命。此系统适用于冷水硬度≤150mg/L（以 $CaCO_3$ 计），且对热水供应要求一般的场所。

（2）间接供水系统的优点是循环介质泄漏时不会污染热水，冷水水质不好时也不会影响热泵机组。缺点是热效率较低，系统复杂，热水出水温度较低。此系统适用于冷水硬度＞150mg/L（以 $CaCO_3$ 计），且对热水供应要求较高的场所。

2. 按地源热泵系统的用途，地源热泵热水系统可分为独立的热水系统和热水系统与空调联合系统（此系统按空调放热的利用方式可分为一般组合、热回收组合和冷却水二次利用三种方式）。

（1）独立的热水系统的优点是运行不受空调等其他负荷变化的影响，系统日常操作简单。缺点是与联合系统相比节能效果差，且不能用于地埋管作为低温热源的系统。此系统适用于除地埋管以外的其他低温热源种类，工程中没有（或稍有）空调负荷，在考虑初期投资和管理等因素后认为采用联合系统不经济的场所。

（2）联合系统中一般组合系统的优点是在空调季节节能效果好，热泵机组一机多用。缺点是热水与供暖的供水温度须一致，热水只能采用间接供水，系统运行操作复杂，几种负荷运行中相互干扰。此系统适用于有较大的空调负荷，且能解决空调与热水高峰时间不一致的场所。

（3）联合系统中热回收组合系统的优点是热水系统相对独立，热水温度可独立设定，操作简单。缺点是几种负荷运行仍有相互干扰。此系统适用于有较大的空调负荷，且能解决空调与热水高峰时间不一致的场所。

（4）联合系统中冷却水二次利用系统的优点是空调季节节能效果好。缺点是只能与空调系统联合工作，当空调负荷小于热水负荷时需考虑设置辅助热源。此系统适用于空调季节较长，且热水负荷相对空调负荷很小的场所。

3. 按贮存热水的方式，地源热泵热水系统可分为开式供水系统和闭式供水系统。

（1）用热水箱贮存热水时为开式热水供水系统。热水箱宜设置在高位重力供水，它具有供水压力稳定特点。

（2）用热水罐或水加热器贮存热水时为闭式热水供水系统。热水罐或水加热器可设置在低处，它具有承压供水特点。

4. 当热水供水温度不满足使用要求时还应设置辅助热源。辅助热源有热力网、电或燃气（油）加热设备。辅助热源可与热泵机组并联或串联使用，也可设置在热水系统中。

5.2.4 耗热量、热水量和加热设备供热量计算

1. 设计小时耗热量、设计小时热水量、加热设备设计小时供热量按《建筑给水排水设计规范》(GB 50015—2003)和《小区集中生活热水供应设计规程》（CECS 222：2007）进行计算。

2. 空气源热泵热水供应系统设置辅助热源应根据当地最冷月平均气温确定。最冷月平均气温不小于10℃的地区可不设辅助热源，最冷月平均气温小于10℃且不小于0℃时宜设置辅助热源。空气源热泵辅助热源应投资省，就地获取。

3. 空气源热泵的供热量：当设辅助热源时，宜按当地农历春分、秋分所在月的平均气温和冷水温度计算；当不设辅助热源时，应按当地最冷月平均气温和冷水供水温度计算。

5.2.5 热泵生活热水系统（热水侧）工程实例

热泵热水系统分热源侧和热水侧。而热水侧又分有辅助热源和无辅助热源两种热水系统。

1. 热水系统（一）

有辅助热源的热水系统见图 5.2.5-1。

2. 热水系统（二）

无辅助热源的热水系统见图 5.2.5-2。

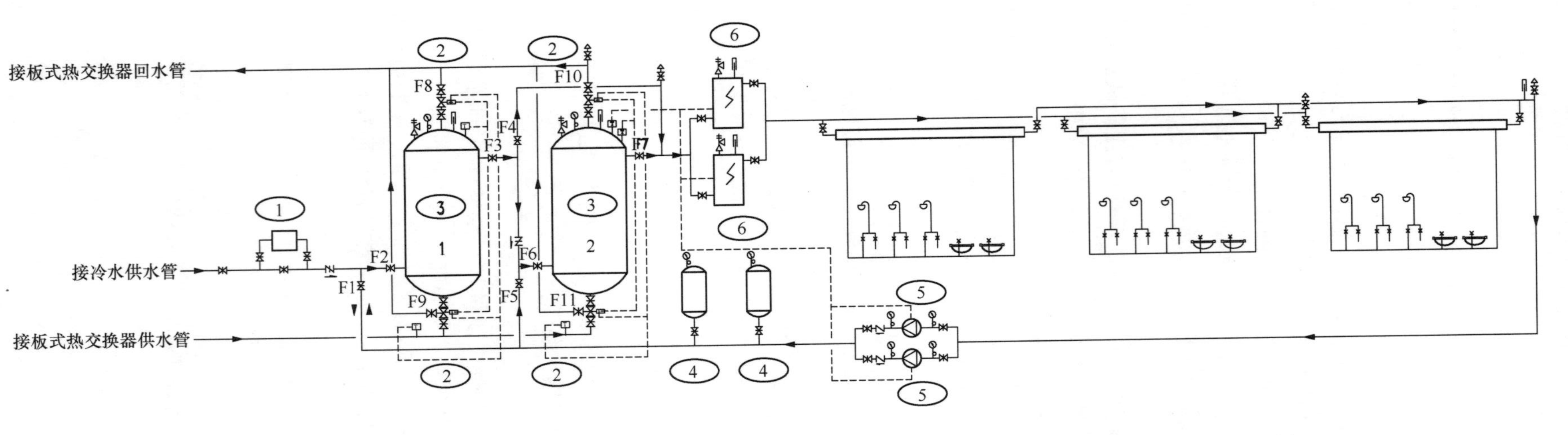

说明

由于二只热水罐在使用时罐内的水温不同，而且为串联供水，因此为方便温度控制和热水罐维修清洗需要，特提供阀门控制方式：

1.正常使用时,关闭F1和F4。
2.第一只热水罐维修时,关闭F2、F3和相应温控阀后的检修阀,开启F1。
3.第二只热水罐维修时,关闭F6、F7和相应温控阀后的检修阀,开F1和F4。
4.当热水罐水温为45℃时,开启相对应的温控阀F8、F9和F10、F11。
5.当热水罐水温为50℃时,关闭相对应的温控阀F8、F9和F10、F11。
6.当第二只热水罐水温为50℃时,开启电加热热水器和热水循环泵,至60℃时关闭电加热热水器和热水回水泵。
7.要求板式热交换器提供的热水水温加热至50℃时,才能打开热水罐相应的温控阀。

图 5.2.5-1 有辅助热源的热水系统图

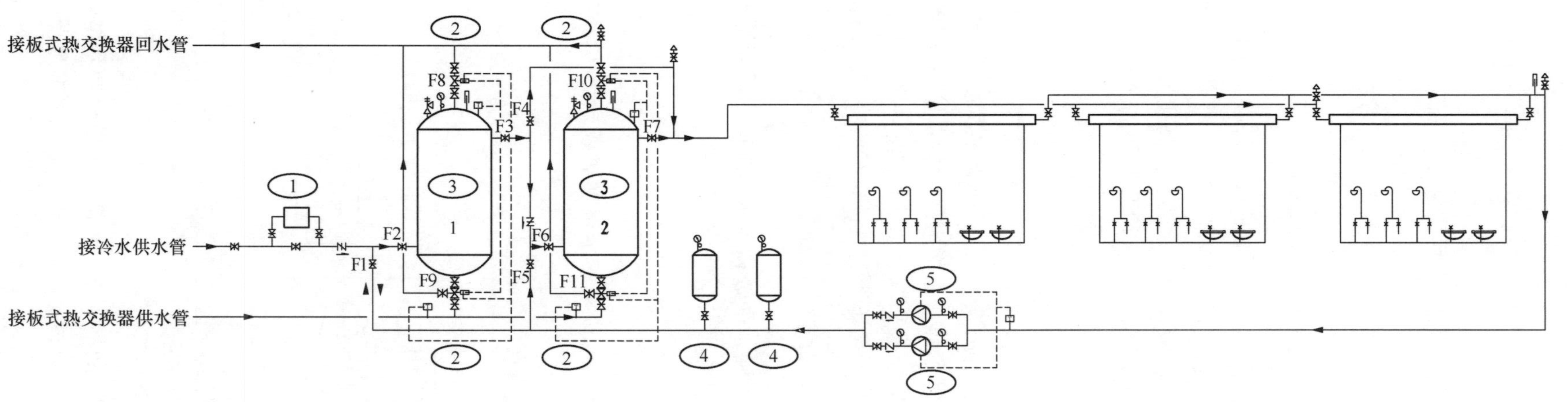

说明

由于二只热水罐在使用时罐内的水温不同，而且为串联供水，因此为方便温度控制和热水罐维修清洗需要，特提供阀门控制方式：

1.正常使用时,关闭F4和F5。

2.第一只热水罐维修时,关闭F2、F3和相应温控阀后的检修阀,开启F5。

3.第二只热水罐维修时,关闭F5、F6、F7和相应温控阀后的检修阀,开启F4。

4.当第二只热水罐水温为55℃时,开启相对应的温控阀F8、F9和F10、F11。

5.当第二只热水罐水温为60℃时,关闭相对应的温控阀F8、F9和F10、F11。

6.当热水回水管水温为50℃时,开启热水循环泵,至60℃时关闭电加热热水器和热水回水泵。

7.要求板式热交换器提供的热水水温加热至60℃时,才能打开热水罐相应的温控阀。

图 5.2.5-2　无辅助热源的热水系统图

3. 热泵生活热水系统的热源侧参见国家标准图集《地源热泵冷热源机房设计与施工》（06R115）和《热泵热水系统选用与安装》（06SS127）。

4. 与空调专业合用的地源热泵生活热水系统的热水罐宜串联供水，以免热泵机组频繁启动而降低热泵机组的效率。

5. 上海地区热泵生活热水系统中，地源热泵与空气源热泵的工程实例相比而言，前者较少。有待在今后积累资料，充实该篇幅。

5.3 余热的回收和利用

5.3.1 余热定义

余热是随热工介质而排放到周围大气环境中的那一部分热量。是在一定经济技术条件下，在能源利用设备中没有被利用的能源，也就是多余、废弃的能源。它包括高温废气余热、冷却介质余热、废汽废水余热、高温产品和炉渣余热、化学反应余热、可燃废气废液和废料余热以及高压流体余压等七种。根据调查，各行业的余热总资源约占其燃料消耗总量的17%～67%，可回收利用的余热资源约为余热总资源的60%。

5.3.2 余热利用等级

余热按其温度不同，其能量品位的利用等级也不同，一般可分为三个品位：650℃以上的余热为高品位；250～650℃的余热为中品位；250℃以下的余热为低品位。高品位的余热为优质能源，它在余热能源总量中占有相当重要的比重，应设法回收。低品位的余热，虽然温度较低，回收比较困难，但是，由于它在余热能源中占非常大的比例，利用潜力很大，应积极采取有效的措施，开展对这部分余热的回收利用。中品位的余热是比较好的二次能源，在余热回收中是不容忽视的部分，在余热回收的条件及方法上都较前两种更为有利。

5.3.3 余热来源

民用建筑的余热来源大致有如下几种：城市废气热力网、采暖和生活蒸汽换热后凝结水余热、中央空调机组冷凝热、锅炉烟气余热、生活废水余热、各种发热设备房间排气废热。

5.3.4 余热回收途径

目前建筑余热回收的途径大致可以分为以下几种：

1. 通过热交换器的方式回收空调冷却水或其他较高温度废水的余热加热或预热生活热水，或者回收排气余热；

2. 将排气或排水废热作为热泵热源加热或预热生活热水；

3. 建筑废热回收模式见图 5.3.4。

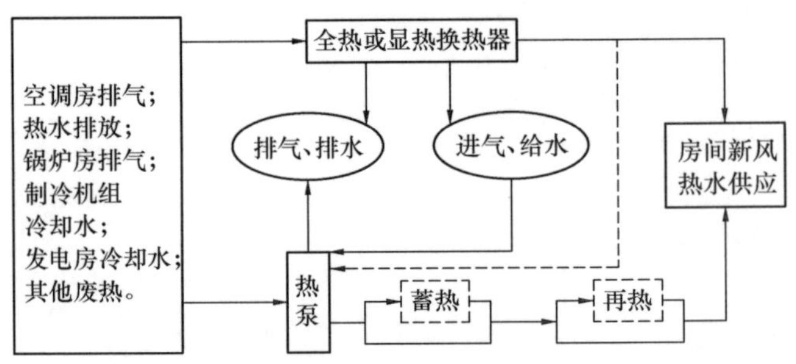

图 5.3.4　建筑废热回收模式图

考虑余热排放与热能利用在时间上的不同步和空间上的不一致，可能要设置蓄热环节，另外考虑生活热水的温度要求，可能还要设置再热环节。图中实线表示必要环节，虚线表示可能环节。

5.3.5 余热利用

1. 宾馆、商场等公共建筑，中央空调机组冷凝热排放量可数倍于生活热水能耗量，生活热水一般要求40～60℃，一般低压制冷剂的水冷冷凝器的出水温度约为35～37℃，若要得到40～60℃的生活热水温度，还需设法升温。利用热泵技术回收废热加热生活热水，一方面消除了对环境的热污染，省去或部分省去加热生活热水的锅炉设备；另一方面，可以降低制冷机组循环冷却水的进水温度，进而降低压缩机的冷凝温度，提高压缩机的工作效率。

2. 建筑余热的排放在时间和空间上都集中与分散兼存，而且难以与生活热水消耗完全同步，为了达到需热量与可利用余热量的平衡，要考虑同时设置生活热水蓄水箱；考虑热水消耗的波动性，选用最小容量的热泵设备以节省初投资，可设置辅助加热设备补充热量。冬季自来水的温度较低，如果用热泵回收余热直接加热到40～60℃，会使效率降低。在这种情况下，考虑辅助热源或串级热泵的形式，满足用水的温度要求。

3. 板式换热器是目前应用较为普遍的一种余热回收方式。适用于气体、液体等载有余热的介质热能转换过程。由于它可全逆流布置，终端温差小，对低品位余热回收尤为重要。

4. 利用废热（废气、烟气、高温废液等）作为热源，应采取下列措施：

(1) 加热设备应防腐，其构造便于清理水垢和杂物；

(2) 防止热媒管道渗漏而污染水质；

(3) 消除废气压力波动和除油。

5. 利用烟气、废气作为热源时，烟气、废气的温度不宜低于400℃。

6. 升温后的冷却水，如水质符合现行《生活饮用水卫生标准》和使用水温的要求时，可直接作为生活用热水。

7. 上海地区市政（浦东）热力网的凝结水是不回收的，其余热资源设计时应予以充分利用。

5.3.6 余热计算

1. 烟气余热量按下式计算：

$$Q_y = B \times V_y \times t_y \times c_y \tag{5.3.6-1}$$

式中 Q_y——烟气余热量（kJ/h）。

B——燃料消耗量，固体或液体燃料单位为kg/h；气体燃料单位为m^3/h。

V_y——烟气量，固体或液体燃料单位为m^3/kg；气体燃料单位为m^3/m^3。

t_y——烟气温度（℃）。

c_y——烟气的平均比热容[kJ/(m^3·℃)]。

2. 冷却水余热量按下式计算：

$$Q_s = q_{ms} \times (t_2 - t_1) \times c_s \tag{5.3.6-2}$$

式中 Q_s——冷却水余热量（kJ/h）；

q_{ms}——冷却水流量；

t_1、t_2——冷却水进、出口温度（℃）；

c_s——冷却水平均比热容[kJ/(kg·℃)]。

3. 废汽余热量按下式计算：

$$Q_{fg} = q_{mq} \times (i_q - i_l) \tag{5.3.6-3}$$

式中 Q_{fg}——废汽余热量（kJ/h）；

q_{mq}——废汽量（kg/h）；

i_q——废汽地饱和焓（kJ/kg）；

i_l——废汽原液的初始焓值（kJ/kg）。

废液余热量可参照式5.3.6-3进行计算。

4. 余热回收量按下式计算：

$$Q = \eta Q_y \tag{5.3.6-4}$$

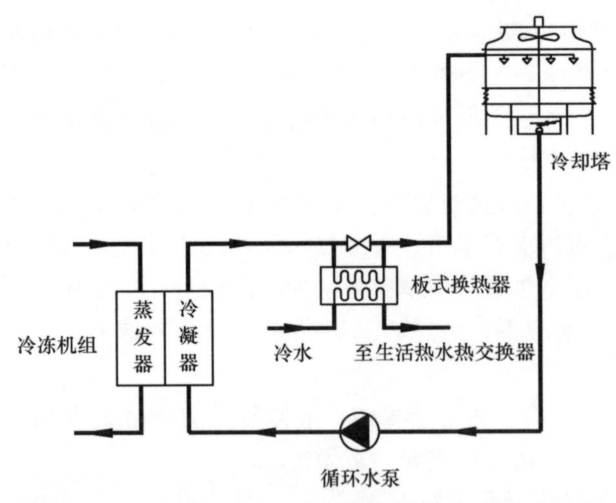

图 5.3.7-1 循环冷却水的直接利用方式运行示意图

式中 Q——余热的回收量（kJ/h）；

Q_y——余热量（kJ/h）；

η——余热的回收率（%）。

5.3.7 循环冷却水系统的余热利用

1. 循环冷却水宜采用余热利用的运行方式。设计人员应根据工程实际情况，经技术经济比较后合理选择系统的利用组合和运行方式。

2. 循环冷却水的直接利用方式见图 5.3.7-1。

（1）该运行方式的优点是在充分满足冷冻机组冷却效果功能的前提下采取的节能措施，空调季节利用的节能效果好，余热的利用较充分，不失为经典的余热利用系统。经板式热交换器交热的冷水可作为需要加热水的预热冷水。总利用的热量较高，系统较经济。其缺点是余热利用的出水温度不够高，出水的热水需要辅助其他的加热设备；热水利用系统不能独立运行。

（2）该运行方式适用于空调季节较长，且热水负荷相对于空调负荷很小的场所。

3. 循环冷却水的间接利用方式见图 5.3.7-2。

（1）该运行方式的优点是热水系统相对独立，采用热回收冷凝器后的利用热水温度可提高到 37～42℃；系统操作简单。其缺点是几种不同负荷的运行时相互间有一定的干扰，特别是对冷冻机组的性能系数（COP 值）将有一定的降低；设备的投资增加，经济性相对较差；总利用的热量不是很高。

（2）该运行方式适用于有较大空调负荷，且能解决空调负荷与热水负荷在高峰时间不一致的场所。

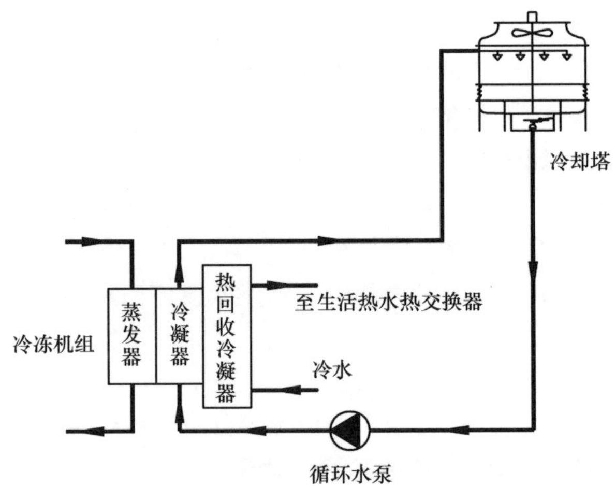

图 5.3.7-2 循环冷却水的间接利用方式运行示意图

4. 直接式利用方式的初期投资相对间接利用方式较低。在间接式利用方式中，应考虑空调系统运行时段与热水使用时段的时间差和生活热水的用量与冷凝热量之间也存在着不同步的问题。

5. 循环冷却水余热利用的实际节能效果和经济效益还与气象条件、建筑特点以及使用功能等因素有很大关系，特别是气候的影响最为关键，并不一定是所有的热回收系统在实际工程中都能实现良好的节能效果和经济效益。同时，任何节能措施不能以牺牲系统功能、安全和服务质量为代价。

6 雨水的控制与利用

6.1 一般规定

6.1.1 雨水控制与利用系统的形式，应根据当地的水资源情况和经济发展水平，根据工程项目具体特点，经技术经济比较后确定。常用的形式主要有集蓄利用系统、入渗利用系统和综合管理系统三种。

1. 集蓄利用系统：雨水经收集、截污、弃流、储存、调节和净化后提升，在替代自来水而被回用的同时，也起到调蓄排放、削减城市洪峰流量的作用。

2. 入渗利用系统：雨水经各种人工或自然渗透设施入渗地下，增加土壤含水量，通过补充地下水资源而被间接利用。

3. 综合管理系统：将利用雨水与控制雨水径流量和径流污染、改善城市生态环境相结合，是目前欧美、日本、澳大利亚等国家积极倡导并采用的最新理念，代表了雨水控制与利用的发展方向。

6.1.2 集蓄利用系统的选用原则：

1. 集蓄利用系统宜用于年均降雨量大于 400mm 的地区；
2. 降落在景观水体上的雨水，应就地储存；
3. 小区内设有景观水体时，屋面雨水宜优先考虑用于景观水体补水；
4. 降雨量随季节分布较均匀的地区、用水量与降雨量季节变化较吻合的建筑与小区，屋面雨水宜优先集蓄利用；
5. 具有大型屋面的公共建筑或设有人工水景的项目，屋面雨水宜采用集蓄利用系统。

6.1.3 入渗利用系统的选用原则：

1. 入渗利用系统宜用于土壤渗透系数为 10^{-6}～10^{-3}m/s，且渗透面距地下水位大于 1.0m 的地区；
2. 地面雨水，宜采用雨水入渗；
3. 室外土壤在承担了室外各种地面的雨水入渗后，其入渗能力仍有足够的余量时，屋面雨水可进行土壤入渗；
4. 上海地区绿地通常就近就地自然渗透，非主要车行道路及人行道路可采用渗透性地面以降低硬化地面的面积，绿地一般不宜接纳客地的雨水径流；
5. 入渗利用系统不适用防止陡坡坍塌、滑坡灾害的危险场所，对居住环境以及自然环境造成危害的场所。

6.1.4 综合管理系统的选用原则：

1. 对于类似上海这样的非水源型缺水城市，雨水控制与利用系统的形式主要是通过对雨水的就地综合管理，减小因城市化造成的洪涝灾害和水源污染，间接地提高城市的防洪能力，改善城市的生态环境、水文环境和气候条件；采取适度、经济、简便、有效、可持续的净化技术，有针对性地合理利用雨水；最大限度地增加雨水径流的自然渗透量，尽可能地通过绿地和采用渗水材料铺装的路面、广场、停车场等进行雨水的自然蓄渗。

2. 屋面雨水，可采用集蓄利用、入渗利用或两者相结合的方式，具体应根据当地水资源状况、地下水位、土质和入渗能力、对地基和基础的影响、降雨量和杂用水量平衡结果、雨水水质状况、当地水价、基建投资等因素综合确定。

3. 集蓄利用系统的回用水量或蓄水容量小于屋面的收集雨量时，屋面雨水利用可选用集蓄利用与入渗利用相结合的方式。

6.1.5 对于新建的居住小区、公共建筑区，雨水控制与利用系统的规模，应满足建设用地外排雨水设计流量不大于开发建设前的水平或规定的值，设计重现期不得小于1年，宜按2年确定。

6.1.6 雨水利用用途应根据收集量、利用量、随时间的变化规律以及卫生要求等因素综合考虑确定。雨水可用于景观用水、绿化用水、循环冷却水系统补水、汽车冲洗用水、路面及地面冲洗用水、冲厕用水、消防用水等。

6.1.7 雨水控制与利用系统应采取确保人身安全、使用及维修安全的措施。严禁回用雨水进入生活饮用水给水系统。

1. 回用雨水供水管道应与生活饮用水管道分开设置；
2. 当采用生活饮用水补水时，应采取防止生活饮用水被污染的措施；
3. 回用雨水供水管道上不得装设取水龙头，并应采用防止误接、误用、误饮的措施。

6.1.8 设有雨水控制与利用系统的建设用地，应设有雨水外排措施。

1. 当采用管渠外排时，管渠设计流量应按本技术措施式（6.2.3-2）和式（6.2.6-1）、式（6.2.6-2）或式（6.2.6-3）计算。设计重现期应按表6.2.7中“建设用地”条款取值。
2. 雨水管道的水力计算和设计应符合《室外排水设计规范》（GB 50014—2006）的规定。

6.1.9 雨水控制与利用系统的回用雨水供水管道和补水管道上应设水表计量。

6.1.10 建筑或小区同时设有雨水和中水利用系统时，原水不宜混合，雨水、中水的储存和水质处理宜分开设置，处理后的水可以混合，也可分别供水。

6.2 雨水量和雨水水质

6.2.1 降雨量数据或公式参数应根据当地近期10年以上降雨资料确定，主要降雨资料有：

1. 多年平均（设计频率为50%）最大24h降雨量，近似于2年一遇24h降雨量；
2. 1年一遇24h降雨量（近似于设计频率为90%）；
3. 年均降雨量；
4. 年均最大月降雨量；
5. 年均最大3d、7d降雨量；
6. 暴雨强度公式。

6.2.2 上海市降雨特征：

1. 根据《建筑与小区雨水利用工程技术规范》（GB 50400—2006）图A.0.1，上海多年平均最大24h降雨量约100mm。

2. 根据《建筑与小区雨水利用工程技术规范》（GB 50400—2006）表A.0.2，上海年均降雨量1164.5mm，年均最大月降雨量169.6mm（6月）。表A.0.2数值源于1971～2000年地面气候资料。

3. 根据对国家气象信息中心“中国地面气候资料日值数据集”上海市1991～2005年日降雨量资料的统计整理，上海年平均降雨量1158.8mm，年平均降雨天数156.7d。降雨量随季节分布较不均匀，月平均降雨量由大到小依次为8月、6月、7月、3月、5月、9月、1月、4月、10月、2月、11月、12月。见表6.2.2。

上海市1991～2005年月平均降雨量、降雨天数　　表6.2.2

月份	1	2	3	4	5	6	7	8	9	10	11	12
月平均降雨量（mm）	74.3	53.7	99.9	69.6	89.8	189.4	128.8	227.5	76.3	55.3	47.8	46.4
月平均降雨天数（d）	11.7	10.3	16.4	15.5	15.4	15.8	13.9	15.9	11.4	10	9.9	10.5

4. 根据同济大学对上海市1985～2004年降雨资料的统计整理，每场雨平均降雨量10.72mm，平均降雨历时6.87h，平均降雨间隔71.36h，平均降雨强度1.7mm/h。

6.2.3 雨水设计径流总量和雨水设计流量：

1. 雨水设计径流总量应按下式计算：

$$W = 10\Psi_c h_y F \tag{6.2.3-1}$$

式中 W——雨水设计径流总量（m^3），为汇水面上在设定降雨时间内（小时、最大日、月或年）产生的径流总量；

Ψ_c——雨量径流系数，为设定时间内降雨产生的径流总量与总雨量之比；

h_y——设计降雨厚度（mm），为设计重现期下在设定降雨时间内（小时、最大日、月或年）的降雨厚度；

F——汇水面积（hm^2）。

2. 雨水设计流量应按下式计算：

$$Q = \Psi_m q F \tag{6.2.3-2}$$

式中 Q——雨水设计流量（L/s），为汇水面上在形成高峰流量的历时内产生的径流量；

Ψ_m——流量径流系数，形成高峰流量的历时内产生的径流量与降雨量之比；

q——设计暴雨强度[$L/(s\cdot hm^2)$]；

F——汇水面积（hm^2）。

6.2.4 雨量径流系数和流量径流系数：

1. 雨量径流系数和流量径流系数，分别用于雨水设计径流总量和雨水设计流量的计算。

2. 流量径流系数综合反映汇水面上雨水控制与利用的情况。雨水控制与利用的效果好，需要外排或溢流的雨水径流量减少，流量径流系数的数值就变小，反之流量径流系数的数值就变大。

3. 雨量径流系数和流量径流系数宜按表6.2.4采用，汇水面积的平均径流系数应按受水面种类加权平均计算。

4. 建设用地雨水外排或溢流管渠流量径流系数宜按扣损法经计算确定，资料不足时可采用0.25～0.4。

径 流 系 数 **表6.2.4**

受 水 面 种 类	雨量径流系数 Ψ_c	流量径流系数 Ψ_m	
硬屋面、没铺石子的平屋面、沥青屋面	0.8～0.9	1	*0.9～1.0*
铺石子的平屋面	0.6～0.7	0.8	
绿化屋面	0.3～0.4	0.4	
混凝土和沥青路面	0.8～0.9	0.9	*0.9*
块石等铺砌路面	0.5～0.6	0.7	*0.6*
级配碎石路面			*0.45*
干砌砖、石及碎石路面	0.4	0.5	*0.40*
非铺砌的土路面	0.3	0.4	*0.30*
绿地	0.15	0.25	*公园绿地0.15*
水面	1	1	
地下建筑覆土绿地（覆土厚度≥500mm）	0.15	0.25	
地下建筑覆土绿地（覆土厚度＜500mm）	0.3～0.4	0.4	

注：1. 表中径流系数对应的重现期为2年左右。

2. 表中雨量径流系数 Ψ_c 的下限值为年均值，上限值为一次降雨系数（雨量30mm左右）。

3. 表中数值，除斜体字部分摘引自《建筑给水排水设计规范》GB 50015—2003)，其余部分均摘引自《建筑与小区雨水利用工程技术规范》(GB 50400—2006)。

6.2.5 汇水面积应按汇水面水平投影面积计算。计算屋面雨水收集系统的流量时，还应满足下列要求：

1. 高出屋面的毗邻侧墙，应附加其最大受雨面正投影的 50%作为有效汇水面积计算。窗井、贴近高层建筑外墙的地下汽车库出入口坡道，应附加其高出部分侧墙面积的 50%。

2. 球形、抛物线形或斜坡较大的汇水面，其汇水面积应附加汇水面竖向投影面积的 50%。

6.2.6 设计暴雨强度应按当地或相邻地区暴雨强度公式计算确定。

1. 设计暴雨强度应按下式计算：

$$q=\frac{167A(1+c\lg P)}{(t+b)^{n}} \qquad (6.2.6\text{-}1)$$

式中 q——设计暴雨强度[L/(s·hm²)]。暴雨强度指某一连续降雨时段内的平均降雨量，以单位时间单位汇水面积上的降雨体积[L/(s·hm²)]计；

P——设计重现期（年）；

t——降雨历时（min）；

A、b、c、n——当地降雨参数。

注：当采用天沟集水且沟沿溢水会流入室内时，暴雨强度应乘以 1.5 的系数。

2. 上海地区的设计暴雨强度一般可按下列公式计算：

$$q=\frac{5544(P^{0.3}-0.42)}{(t+10+7\lg P)^{0.82+0.07\lg P}} \qquad (6.2.6\text{-}2)$$

或

$$i=\frac{17.812+14.668\lg T_{E}}{(t+10.4712)^{0.796}} \qquad (6.2.6\text{-}3)$$

式中 q——设计暴雨强度[L/(s·hm²)]；

i——设计暴雨强度(mm/min)，$q=167i$；

T_E——非年最大值法选样的重现期（年）。

3. 上海地区降雨历时为 5min 的暴雨强度可参考表 6.2.6。

上海地区降雨历时为 5min 的暴雨强度 **表 6.2.6**

重现期（年）	1	2	3	4	5	10	50	100	备注
暴雨强度 [L/(s·hm²)]	3.49	4.13	4.49	4.75	4.95	5.58	7.09	7.79	按式(6.2.6-3)计算
	3.36	4.19	4.67	5.02	5.29	6.13	8.07	8.90	按式(6.2.6-3)计算

6.2.7 设计重现期应根据建筑与小区的重要程度、汇水区域性质、地形特点、气象特征等因素确定。

1. 各种汇水区域的设计重现期宜满足表 6.2.7 的要求。

2. 向各类雨水利用设施输水或集水的管渠设计重现期，应不小于该类设施的雨水利用设计重现期。

3. 建设用地雨水外排或溢流管渠的设计重现期，应大于雨水利用设施的雨量设计重现期。

各种汇水区域的设计重现期 **表 6.2.7**

汇水区域名称		设计重现期（年）
室外场地	居住小区	1～3
	车站、码头、机场的基地	2～5
	下沉式广场、地下车库出入口	5～50
屋面	一般性建筑物屋面	2～5
	重要公共建筑屋面	≥10

注：1. 下沉式广场设计重现期由广场的构造、重要程度、短期积水即能引起较严重后果等因素确定。

2. 工业厂房屋面雨水排水设计重现期由生产工艺、重要程度等因素确定。

3. 屋面积水影响室内使用功能或造成水害的，建议设计重现期采用 10～20 年。

4. 屋面积水荷载影响屋面结构安全的重要公共建筑屋面，建议设计重现期采用 20～50 年。

5. 屋面雨水排水设计流量和溢流设施的总排水能力，一般建筑的重力流系统不应小于 10 年重现期的雨水量，虹吸式系统、重要公共建筑、高层建筑屋面不应小于 50 年重现期的雨水量。

6.2.8 设计降雨历时的计算，应符合下列规定：

1. 屋面雨水收集系统的设计降雨历时按屋面汇水时间计算，一般取 5min。

2. 室外场地雨水管渠的设计降雨历时应按下式计算：

$$t = t_1 + mt_2 \tag{6.2.8}$$

式中 t_1——汇水面集水时间（min），视距离长短、地形坡度和地面铺盖情况而定，一般可选用 5～10min。

m——折减系数。计算向各类雨水利用设施输水或集水的管渠时，取 $m=1$；计算建设用地雨水外排或溢流管渠时，小区支管和接户管：$m=1$；小区干管：暗管 $m=2$，明沟 $m=1.2$。

t_2——管渠内雨水流行时间（min）。

6.2.9 雨水水质特征：

建筑与小区的雨水径流水质受城市地理环境、水面性质及所用建筑材料、水面的管理水平、降雨量、降雨强度、降雨时间间隔、气温、日照、大气污染等诸多因素的综合影响，径流水质的变化范围较大。

1. 空气质量较好、降雨量较多的城市或地区，雨水水质较好；
2. 城市周边地区的雨水水质，一般要优于城市中心区；
3. 降水的 pH 值，一般冬季低，夏季高；
4. 径流水质，路面要差于屋面，城区主要道路要差于小区道路；
5. 建筑与小区的雨水径流水质，随降雨过程的延续逐渐改善并趋向稳定。

6.2.10 雨水水质应以实测资料为准。当无实测资料时，可参考《建筑与小区雨水利用工程技术规范》（GB 50400—2006）条文说明 3.1.2 条，见表 6.2.10。

上海地区各种雨水径流水质主要指标的参考值（mg/L） **表 6.2.10**

指标	受水面		
	屋面	小区内道路	城市街道
COD_{cr}	4～280	20～530	270～1420
SS	0～80	10～560	440～2340
NH_3—N	0～14	0～2	0～2
pH	6.1～6.6		

注：雨水径流水质的变化具有较大的随机性，可对照本措施 6.2.9 条“雨水水质特征”取值。

6.2.11 处理后的雨水水质根据用途确定，其主要指标可参考表 6.2.11，以及国家现行其他相关标准的规定。

雨水处理后水质主要指标的参考值 **表 6.2.11**

项目指标	循环冷却水系统补水	观赏性水景	娱乐性水景	绿化	车辆冲洗	道路浇洒	冲厕
COD_{cr}（mg/L）≤	30	30	20	30	30	30	30
SS（mg/L）≤	5	10	5	5	5	10	10
BOD_5（mg/L）≤	10	6	6	20	10	15	10
色度（度）≤	无不快感	30	30	30	30	30	30
浊度（NTU）≤	15			10	5	10	5
NH_3-N（mg/L）≤	10	5	5	20	10	10	10

注：表中数值摘引自《建筑与小区雨水利用工程技术规范》（GB 50400—2006）、《城市污水再生利用城市杂用水水质》（GB/T 18920—2002）和《城市污水再生利用 景观环境用水水质》（GB/T 18921—2002）。

6.3 雨水收集

6.3.1 基本原则：

1. 雨水收集主要包括屋面雨水、地面雨水和水面雨水等；

2. 雨水集蓄利用系统应优先收集屋面雨水和水面雨水，不宜收集机动车道路等污染严重的受水面上的雨水。

6.3.2 屋面雨水收集：

1. 屋面表面应采用对雨水无污染或污染较小的材料，不宜采用沥青或沥青油毡。有条件时可采用种植屋面。

2. 屋面雨水收集系统应独立设置，严禁与建筑污、废水排水连接，严禁在室内设置敞开式检查口或检查井。

3. 屋面雨水收集应设置符合现行国家或行业相关标准的雨水斗。雨水斗可设于屋面集水沟或屋面坡底面上。

4. 当雨水集蓄利用系统设有弃流设施时，各雨水斗至相应弃流设施的管道长度宜相近。

5. 屋面雨水收集形式、管道水力计算和敷设要求等应符合《建筑给水排水设计规范》（GB 50015—2003）、《建筑与小区雨水利用工程技术规范》（GB 50400—2006）、《虹吸式屋面雨水排水系统技术规程》（CECS 183：2005）的规定。

6.3.3 地面雨水收集：

1. 地面雨水收集主要是收集硬化地面上的雨水和屋面排到地面上的雨水，可以采用雨水口、埋地管道、明沟等方式收集和输送；

2. 硬化地面雨水收集系统的雨水流量应按本技术措施式（6.2.3-2）计算；

3. 地面雨水收集宜采用具有拦污截污功能的成品雨水口，或利用道路两侧的低势绿地或有植被的浅沟自然排水；

4. 雨水口宜采用平箅式，宜设在汇水面的低洼处，或设在道路两边低于道路标高（宜 50～100mm）的绿地内，雨水口顶面标高宜低于地面 10～20mm 或高于绿地 20～50mm；

5. 雨水口担负的汇水面积不应超过其集水能力，且最大间距不超过 40m；

6. 雨水收集系统中设有集中式雨水弃流装置时，各雨水口至弃流装置的管道长度宜相近。

6.3.4 水面雨水收集：

1. 降落在池塘、洼地、湖泊、河道等天然水体或景观人工水体上的雨水，应优先考虑就地收集调蓄；

2. 水体应尽可能采用生态型驳岸或自然式驳岸，以利于水生物的生栖；

3. 应控制进入水体的氮、磷含量，保证水体深度在 1.5m 以上，并种植足够的水生植物，使水体具有较强的自净能力。

6.4 雨水截污与弃流

6.4.1 雨水截污措施：

1. 屋面雨水截污措施主要有：

（1）截污滤网；

（2）花坛渗滤净化；

（3）初期雨水弃流。

2. 地面雨水截污措施主要有：

（1）截污挂篮；

（2）初期雨水弃流；

（3）雨水沉淀井；

(4) 植被浅沟。

6.4.2 弃流装置的设置：

1. 雨水弃流装置的设置应根据降雨量、雨水利用用途、雨水水质状况、地下水位、土质和入渗能力和基建投资等因素综合确定。上海地区屋面初期雨水一般可不弃流。

2. 屋面雨水收集系统的弃流装置宜设在室外，当设在室内时，应为密闭形式。雨水弃流装置宜靠近雨水蓄水池设置。

3. 地面雨水收集系统设置雨水弃流设施时，可集中设置，也可分散设置。

4. 弃流装置的设置应便于清洗和运行管理。

6.4.3 弃流装置的选用：

1. 当条件允许时，屋面雨水收集系统宜优先采用水力型自动控制弃流装置；

2. 地面雨水收集系统宜采用弃流池。

6.4.4 初期径流弃流量：

1. 初期径流弃流量应按照受水面实测收集雨水的 COD_{Cr}、SS、色度等污染物浓度，以及雨水利用用途确定。当无资料时，屋面弃流可采用 2～3mm 径流厚度，地面弃流可采用 3～5mm 径流厚度，城市中心区宜取高值，城市周边地区、住宅小区、公园等环境条件较好的区域宜取低值。

2. 初期径流弃流量按下式计算：

$$W_i = 10\delta F \tag{6.4.4}$$

式中 W_i——设计初期径流弃流量（m^3）；

δ——初期径流厚度（mm）；

F——汇水面积（hm^2）。

6.4.5 弃流雨水的处置方式：

1. 截流的初期径流可排入雨水排水管道或污水管道，需视项目具体情况而定；

2. 当条件允许时，可就近排入绿地；

3. 雨水弃流排入污水管道时，应确保污水不倒灌回弃流装置内。

6.4.6 初期径流雨水弃流池设计的基本原则：

1. 截流的初期径流雨水宜通过自流排除；

2. 当弃流雨水采用水泵排水时，池内应设置将弃流雨水与后期雨水隔离开的分隔装置；

3. 应具有不小于 0.10 的底坡；

4. 雨水进水口应设置格栅，格栅的设置应便于清理并不得影响雨水进水口通水能力；

5. 排除初期径流水泵的阀门应设置在弃流池外；

6. 宜在入口处设置可调节监测连续两场降雨间隔时间的雨停监测装置，并与自动控制系统联动；

7. 应设有水位监测的措施；

8. 采用水泵排水的弃流池内应设置搅拌冲洗系统。

6.5 雨水储存与回用

6.5.1 一般规定：

1. 雨水集蓄利用系统的设计，应进行水量平衡计算；

2. 雨水集蓄利用系统应设置雨水储存与回用设施，其设计降雨重现期宜取 1～2 年；

3. 水面景观水体宜作为雨水储存设施。

6.5.2 雨水储存与回用设施的设计规模可按下列方法确定：

1. 效益评价法：

$$V = 10\Psi_c h_S F \tag{6.5.2-1}$$

式中 V——雨水储存设施的有效储水容积（m^3）。

Ψ_c——雨量径流系数，宜按表6.2.4采用。

h_S——集蓄能力（mm），建议选用10～40mm。不同的集蓄能力h_S，对应不同的集蓄效率E_A。年均屋面雨水径流量与年均雨水储存设施的满蓄溢流量之差为雨水储存设施的年均集蓄水量，其与年均屋面雨水径流量的比值即为集蓄效率E_A。h_S越大，则雨水储存设施的有效储水容积越大，可收集的雨水量越多，满蓄溢流次数越少，集蓄效率E_A越高，但相应的投资增大，经济效益E_B降低。建议希望经济效益较优时，可取h_S低值，希望雨水利用效率较高时，可取h_S高值。

F——汇水面积（hm^2）。

雨水储存设施的集蓄能力与集蓄效率 **表6.5.2**

h_S（mm）	5	10	20	30	40	50	60
E_A（%）	约25	约45	约65	约75	约80	约85	约90
E_B	高——————低						

在上海地区，建议采用效益评价法。

2. 3d用完法：

雨水储存与回用设施的设计规模相当于3d内能把2年一遇24h降雨量用完。要求回用系统的最高日设计水量不宜小于集水面日雨水设计径流总量的40%。此法适用于建设用地内对雨水的需用量较大、年降雨量随时间分布较均匀、水资源较缺乏的地区，其投资建设费用相对较高。在上海地区不建议采用此法。

$$V = 10\Psi_c(h_{24} - \delta)F \tag{6.5.2-2}$$

式中 h_{24}——2年一遇24h降雨量（mm）；

δ——初期径流厚度（mm），屋面弃流可采用2～3mm径流厚度；

Ψ_c——雨量径流系数，宜按表6.5.2采用；

F——汇水面积（hm^2）。

3. 计算机模拟法：

根据逐日降雨量和逐日用水量经模拟计算确定。优点是可优化设计雨水储存设施规模、可收集水量、满蓄次数和用水量，缺点是逐日用水量数据难确定。

6.5.3 储存设施：

1. 雨水储存设施应设有溢流排水措施，溢流排水措施宜采用重力溢流。

2. 雨水蓄水池、蓄水罐宜设置在室外地下。

3. 蓄水池兼作沉淀池时，其进、出水管的设置应满足下列要求：

（1）防止水流短路；

（2）避免扰动沉淀物；

（3）进水端宜均匀布水。

4. 蓄水池应设检查口或人孔，池底宜设集泥坑和吸水坑。池底设不小于5%的坡度坡向集泥坑。检查口附近宜设给水栓和排水泵的电源插座。

5. 当不具备设置排泥设施或排泥有困难时，排水设施应配有搅拌冲洗系统，应设搅拌冲洗管道，搅拌冲洗水源宜采用池水，并自动控制系统联动。

6. 溢流管和通气管应设防虫措施。

7. 蓄水池宜采用耐腐蚀、易清洁的环保材料。

8. 当雨水回用系统设有清水池时，其有效容积应根据产水曲线、供水曲线确定，并应满足消毒的接触时间要求。在缺乏上述资料的情况下，可按雨水回用系统最高日设计用水量的25%～35%计算。

9. 当采用中水清水池接纳处理后的雨水时，中水清水池应有容纳雨水的容积。

6.5.4 雨水回用—供水系统：

1. 雨水供水系统应设自动补水，并应满足下列要求：

(1) 补水的水质应满足雨水供水系统的水质要求；

(2) 补水应在净化雨水供水量不足时进行；

(3) 补水能力应满足雨水中断时系统的用水量要求。

2. 供水系统管材可采用塑料和金属复合管、塑料给水管或其他管材，但不得采用非镀锌钢管。

3. 供水系统供应不同水质要求的用水时是否单独处理，应经技术经济比较后确定。

6.6 雨水处理与净化

6.6.1 处理工艺：

1. 雨水处理工艺流程应根据收集雨水的水量、水质，以及雨水回用的水质要求等因素，经技术经济比较后确定。

2. 屋面雨水水质处理根据原水水质可选择下列工艺流程：

(1) 屋面雨水→截污弃流→景观水体；

(2) 屋面雨水→截污弃流→雨水蓄水池沉淀→消毒→雨水清水池；

(3) 屋面雨水→截污弃流→雨水蓄水池沉淀→过滤→消毒→雨水清水池。

3. 用户对水质有较高的要求时，应增加相应的深度处理措施。

4. 回用雨水宜消毒。当雨水处理规模不大于 $100m^3/d$ 时，可采用氯片作为消毒剂；当雨水处理规模大于 $100m^3/d$ 时，可采用次氯酸钠或其他氯消毒剂消毒。

5. 雨水处理设施产生的污泥宜进行处理。

6.6.2 处理设施：

1. 雨水处理设施的处理能力：

(1) 当设有雨水清水池时，按下式计算：

$$Q_y = W_y / T \tag{6.6.2}$$

式中 Q_y——设施处理能力（m^3/h）；

W_y——经过水量平衡计算后的日用雨水量（m^3）；

T——雨水处理设施的日运行时间（h），建议取 12～16h/d。

(2) 当无雨水清水池和高位水箱时，按回用雨水的设计秒流量计算。

2. 雨水蓄水池可兼作沉淀池，其设计应符合下列要求，以及《室外排水设计规范》（GB 50014—2006）的有关规定：

(1) 表面负荷：$0.5 \sim 3.0m^3/(m^2 \cdot h)$；

(2) 沉淀时间：2.0～4.0h；

(3) 运行方式：间隙运行；

(4) 排泥方式：水泵或人工间隙排泥；

(5) 沉淀类型：自由沉淀；

(6) 水流形态：静态沉淀。

3. 雨水过滤处理宜采用石英砂、无烟煤、重质矿石、硅藻土等滤料或其他新型滤料和新工艺。

6.6.3 自然净化

1. 自然净化技术见图 6.6.3。

雨水的自然净化包括植被浅沟、植被缓冲带、生物滞留、土壤渗滤、人工湿地、生态塘、生物岛、屋顶绿化和雨水花园等，是通过生态途径控制雨水径流量和径流污染的有效措施，是目前欧美、日本、澳大利亚等国家广泛推崇的可持续的雨水综合管理技术，也称“雨水的最佳管理实践”（Stormwater

BMP)。在上海地区，建议有条件时优先考虑采取雨水的自然净化技术。

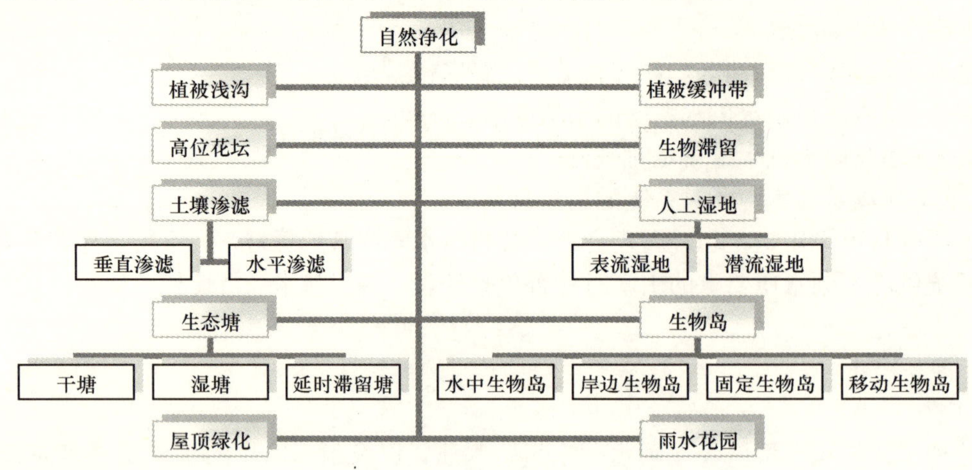

图 6.6.3　自然净化技术

2. 适用场所见表 6.6.3。

自然净化技术适用场所　　**表 6.6.3**

自然净化技术	适用场所
植被浅沟、植被缓冲带	住宅小区、公园、商业区、厂区、湖滨带等城市道路两侧、地块边界、不透水铺装地面周边等
生物滞留	汇水面积小于 1 hm^2 的区域
土壤渗滤	住宅小区、公园、学校、水体周边等
人工湿地	郊区、新开发区
生态塘	住宅小区、公园等
生物岛	缺乏自净能力、硬化设计的人工水体或雨水塘

3. 屋顶绿化设计应符合《建筑给水排水设计规范》(GB 50015—2003)、《建筑与小区雨水利用工程技术规范》(GB 50400—2006)、《种植屋面工程技术规程》(JGJ 155—2005) 的规定。

6.7　入渗利用

6.7.1　常用的雨水入渗利用系统有低势绿地、透水铺装地面、浅沟与洼地入渗、浅沟渗渠组合入渗、渗透管沟、入渗井、入渗池、渗透管—排放系统等。

6.7.2　低势绿地：

1. 绿地雨水宜就地入渗；

2. 绿地宜低于周边地面 50～100mm，并有保证雨水进入绿地的措施；

3. 绿地植物宜选用耐淹品种。

6.7.3　透水铺装地面：

1. 人行、非机动车通行的硬质地面、广场等宜采用透水地面。

2. 透水铺装地面应设透水面层、找平层和透水垫层。透水面层可采用透水混凝土、透水面砖、草坪砖等；透水垫层应采用连续级配砂砾料、单级配砾石等透水性材料。

3. 透水地面面层的渗透系数均应大于 1×10^{-4}m/s，找平层和垫层的渗透系数必须大于面层。

4. 面层厚度宜根据不同材料、使用场地确定，孔隙率不宜小于 20%；找平层厚度宜为 20～50mm；透水垫层厚度不宜小于 150mm，孔隙率不应小于 30%。

5. 铺装地面应满足相应的承载力要求。

6.7.4　根据《上海市居住小区雨水利用工程实施导则》，未经有关部门批准，小区内不允许建设渗透井、渗透管或渗透沟等工程。

在上海地区，建议有条件时优先考虑采用低势绿地和透水铺装地面。低势绿地和透水铺装地面的优、缺点见表6.7.4。

低势绿地和透水铺装地面的优、缺点　　表6.7.4

名　称	优　点	缺　点
低势绿地	透水性好，节省投资，便于雨水引入，可减少绿化用水，改善环境，对雨水中一些污染物具有一定截留和净化作用	渗透流量受土壤性质限制，雨水中如含有较多杂质和悬浮物，会影响绿地质量和渗透性能
透水铺装地面	能利用表层土壤对雨水的净化能力，对预处理要求较低，技术简单，便于管理	渗透能力受土质性质的限制，需要较大透水面积，无调蓄能力

7 中水的回收利用

7.1 一般规定

7.1.1 本着节约用水的原则，在有条件的地区和建筑物内，应积极实施中水工程的设计。

7.1.2 在缺水城市和地区适合建设中水设施的工程项目，应按照当地有关政策和规定，配套建设中水设施。

7.1.3 中水处理设施和系统应与主体工程同时设计、同时施工、同时使用。

7.1.4 中水系统应有可靠措施确保使用安全，严禁中水进入生活饮用水系统。

7.2 中水水源

7.2.1 建筑中水水源可取自建筑的生活排水和其他可以利用的江河水源。

7.2.2 建筑中水水源宜按以下顺序选取：洗浴排水、盥洗排水、空调循环冷却系统排污水、冷凝水、游泳池排污水、洗衣房排水、厨房排水、建筑雨水、冲厕排水和江河水源。洗浴排水、盥洗排水、空调循环冷却系统排污水和冷凝水组合称为优质杂排水。洗浴排水、盥洗排水、空调循环冷却系统排污水、冷凝水和厨房排水组合称为杂排水。

7.2.3 建筑中水水源应尽可能以重力的方式进入处理设施。

7.3 中水水量计算和平衡

7.3.1 应根据可回收水量确定回用中水的用途。应按平均日水量对各种原水量及中水回用量进行平衡计算，并宜绘制水量平衡图。

7.3.2 用作中水水源的水量宜为中水回用水量的110％～115％。

7.3.3 建筑内生活排水作为中水原水的水量可按下列公式计算，其他中水原水水量应根据实际收集量确定。

平均日原水量：

$$Q_{yd}=\sum_{i=1}^{n}\alpha\cdot\beta\cdot Q_{d}\cdot b_{i} \tag{7.3.3-1}$$

平均时原水量：

$$Q_{yh}=\sum_{i=1}^{n}\frac{\beta\cdot Q_{d}\cdot b_{i}}{T} \tag{7.3.3-2}$$

式中 Q_{yd}——可回收的平均日原水量（m^3/d）；

Q_{yh}——可回收的最高日平均时原水量（m^3/h）；

α——最高日给水量折算成平均日给水量的折减系数，一般取0.8～0.9；

β——建筑物按给水量计算排水量的折减系数，一般取0.8～0.9；

Q_d——建筑物最高日生活用水量（m^3/d），计算方法同给水系统，见《建筑给水排水设计规范》（GB 50015—2003）有关计算方法；

b_i——建筑物分项给水百分率，可参照表7.3.3选取；

T——卫生器具的使用时间（h），见《建筑给水排水设计规范》（GB 50015—2003）有关要求；

n——不同类别建筑物数量。

各类建筑分项给水百分率 b_i（%） **表 7.3.3**

项目	住宅	宾馆、饭店	办公楼、教学楼	公共浴室	餐饮业、营业餐厅	附　注
冲厕	21.3～21	10～14	60～66	2～5	6.7～5	
厨房	20～19	12.5～14			93.3～95	
淋浴	29.3～32	50～40		98～95		包括盆浴和淋浴
盥洗	6.7～6	12.5～14	40～34			
洗衣	22.7～22	15～18				
总计	100	100	100	100	100	

7.3.4 用于建筑物内生活用水的中水回用水量可按下式计算，其他中水用水量应根据实际消耗量确定。

平均日中水回用水量：
$$Q_{pd}=\sum_{i=1}^{n}\alpha\cdot Q_d\cdot b_i \quad (7.3.4\text{-}1)$$

平均时中水回用水量：
$$Q_{ph}=\sum_{i=1}^{n}\frac{Q_d\cdot b_i}{T} \quad (7.3.4\text{-}2)$$

最大时中水回用水量：
$$Q_{dh}=\sum_{i=1}^{n}k_h\frac{Q_d\cdot b_i}{T} \quad (7.3.4\text{-}3)$$

式中 Q_{pd}——平均日中水回用水量（m^3/d）；

Q_{ph}——最高日平均时中水回用水量（m^3/h）；

Q_{dh}——最高日最大时中水回用水量（m^3/h）；

k_h——小时变化系数见《建筑给水排水设计规范》（GB 50015—2003）有关要求；α、Q、b_i、T、n 的含义同 7.3.3 条。

7.4 中水处理系统

7.4.1 不同种类的生活原水宜采用分流系统，进入原水集水系统前需分别进行以下预处理：

1. 当有厨房排水进入原水系统时，应经过隔油处理；
2. 冲厕污水进入原水系统时，应经过化粪池处理，且在化粪池内的停留时间不得小于 12h；
3. 洗浴排水应设毛发聚集器。

7.4.2 原水系统应设分流和水量调节设施，用以控制和调节进入处理设备的原水量。暂不收集的原水宜在流入处理站之前能依靠重力流排至室外。当采用雨水为水源或补充水源时，应有可能的调储设施，并具有初期雨水剔除和超量溢流的功能。

7.4.3 原水处理前应进入原水调节池（箱），其容积应根据原水量和设备处理量的逐时变化情况确定。在缺乏资料时，可按下列要求计算：

1. 处理设备连续运行时，原水调节池（箱）的容积可按日处理水量（Q_{pd}）的 35%～50%计算：
2. 处理设备间隔运行时，原水调节池（箱）的容积可根据处理设备运行周期按下式计算：

$$W_1=1.5Q_{yh}(24-T) \quad (7.4.3)$$

式中 W_1——原水调节池（箱）的容积（m^3）；

Q_{yh}——原水平均小时流量（m^3/h），应按式（7.3.3-2）确定；

T——处理设备一天中的运行时间（h），一般取 8～16h。

7.4.4 中水处理设施后应设中水贮存池（箱），其容积应根据设备处理量和中水用量的逐时变化情况确定。在缺乏资料时可按下列要求计算：

处理设备连续运行时，中水贮存池（箱）的容积可根据处理设备运行周期按下式计算：

$$W_2=1.2T(q-Q_{ph}) \quad (7.4.4)$$

式中 W_2——中水贮存池（箱）的容积（m^3）；

q——中水设备小时处理量（m^3/h）；

Q_{ph}——中水平均小时用量（m^3/h），应按式（7.3.4-2）确定；

T——处理设备一天中的运行时间（h）。

7.4.5 当中水供水采用水泵——高位水箱联合供水时，高位水箱调节容积不得小于中水系统最大时用水量（Q_{dh}）的 50%。

7.4.6 中水贮存池（箱）或高位水箱应设自来水补给管，并应符合下列要求：

1. 管径应满足中水最大时用水量（Q_{dh}）的要求；
2. 应安装计量用水表；
3. 补水阀应按最低报警水位控制开启，且宜采用电动阀或电磁阀。

7.4.7 中水供水系统的设计秒流量和管道水力计算、供水方式及水泵选择同给水系统。

7.4.8 中水供水管道应考虑防腐，宜采用塑料给水管、塑料和金属复合管管材；原水管道的选择要求同排水系统。

7.4.9 中水供水系统必须独立设置，并应采取以下防污染措施：

1. 中水管道严禁与生活给水管道直接连接；
2. 中水贮存池（箱）或高位水箱的自来水补水管不得采用淹没浮球阀，补水管出口应高于贮存池（箱）溢流水位，其间距不得小于补水管管径的 2.5 倍。

7.4.10 中水管道应采取下列防护措施：

1. 中水管道外壁应涂浅绿色标志。
2. 中水管道上一般不得装设取水龙头。当装有取水口时，应采取设带锁龙头或明显标志等防误饮误用的措施。水池（箱）、阀门、水表及给水栓等均应有明显“中水”标志。
3. 当中水用于绿化、浇洒、汽车冲洗等用途时，可采用加锁等有防护功能的壁式或地下式给水栓。

7.5 中水处理工艺及设施

应根据可利用原水的水质、水量和中水用途，计算水量平衡和进行技术经济分析，选择经济的系统形式和处理工艺，并确定适当的规模。中水处理工艺应根据原水的水质、水量和中水的水质、水量及使用要求等因素，经过技术经济比较后确定。

7.5.1 当以优质杂排水或杂排水作为原水时，宜选择以下流程：

1. 物化处理工艺流程（适用于优质杂排水）（图 7.5.1-1）：

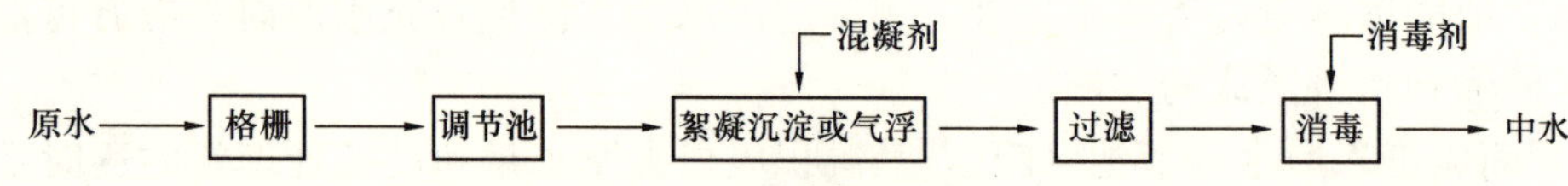

图 7.5.1-1 物化处理工艺流程

2. 生物处理和物化处理相结合的工艺流程（图 7.5.1-2）：

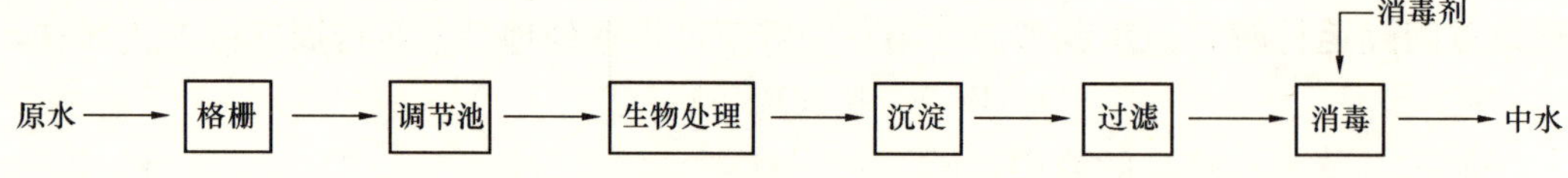

图 7.5.1-2 生物处理和物化处理和结合的工艺流程

3. 预处理和膜分离相结合的工艺流程（图 7.5.1-3）：

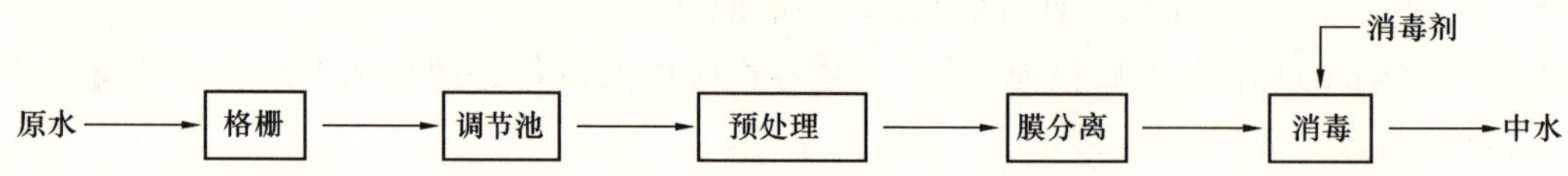

图 7.5.1-3 预处理和膜分离相结合的工艺流程

7.5.2 当以含有粪便污水的生活污水作为原水时，宜选择以下流程：

1. 生物处理和深度处理相结合的工艺流程（图 7.5.2-1）：

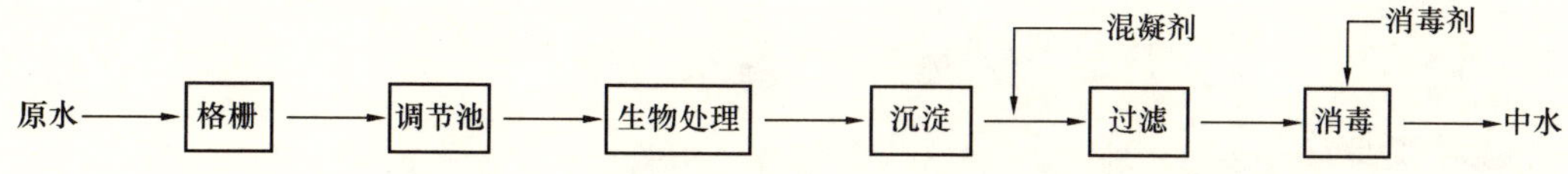

图 7.5.2-1　生物处理和深度处理相结合的工艺流程

2. 生物处理和土地处理相结合的工艺流程（图 7.5.2-2）：

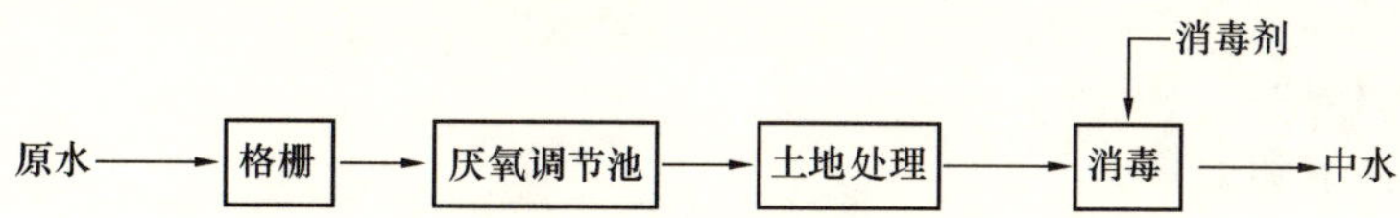

图 7.5.2-2　生物处理和土地处理相结合的工艺流程

3. 曝气生物滤池处理工艺流程（图 7.5.2-3）：

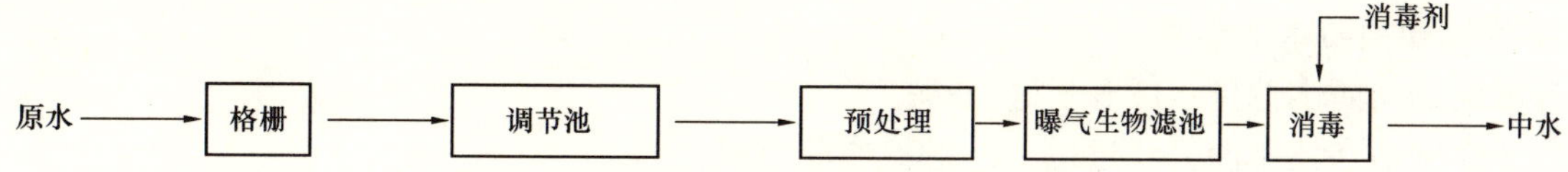

图 7.5.2-3　曝气生物滤池处理工艺流程

4. 膜生物反应器处理工艺流程（图 7.5.2-4）：

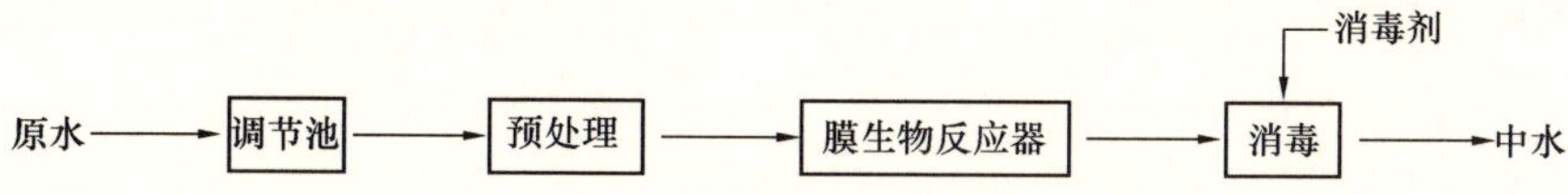

图 7.5.2-4　膜生物反应器处理工艺流程

7.5.3　当利用污水处理站二级出水作为原水时，宜选择以下流程。

1. 物化法深度处理工艺流程（图 7.5.3-1）：

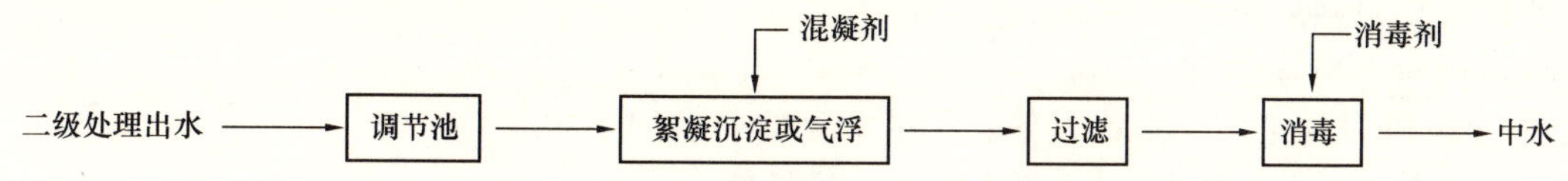

图 7.5.3-1　物化法深度处理工艺流程

2. 物化与生化结合的深度处理工艺流程（图 7.5.3-2）：

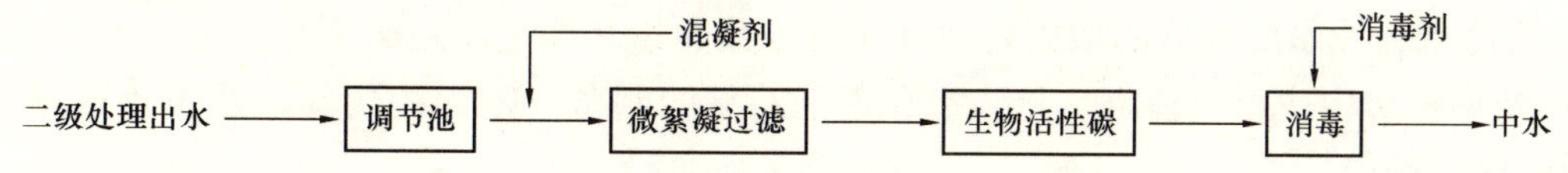

图 7.5.3-2　物化与生化结合的深度处理工艺流程

3. 微孔过滤处理工艺流程（见图 7.5.3-3）：

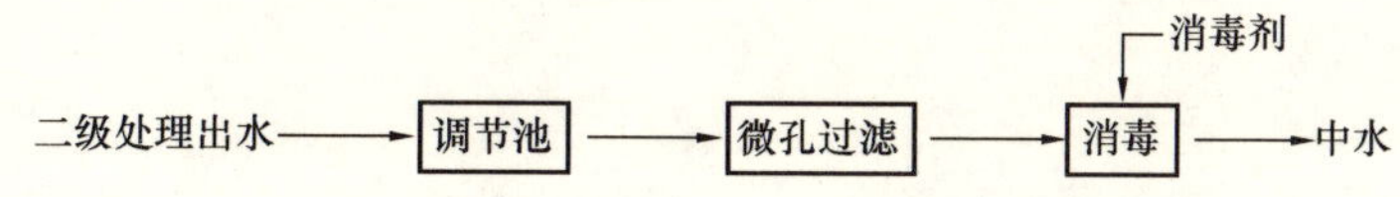

图 7.5.3-3　微孔过滤处理工艺流程

7.5.4　中水用于空调采暖系统补水等用途时，应增加深度处理设施。

7.5.5　中水处理过程中产生的少量沉淀、活性污泥和化学污泥，可排至化粪池处理；较大量的污泥，可采用机械脱水装置或其他方法妥善处理。

7.5.6　宜选择定型成套的综合处理设备，做到使用可靠、方便管理、节省占地、减少投资。

7.5.7　中水处理设施的处理能力按下式计算：

$$q = \frac{Q_{yd}}{T} \tag{7.5.7}$$

式中 q——设施处理能力（m^3/h）；

Q_{yd}——经过水量平衡计算后，实际回收的平均日原水量（m^3/d）；

T——中水设施每日设计运行时间（h）。

7.6 其他水源的收集和处理

7.6.1 空调冷凝水的收集和处理：

1. 对易于集中收集的凝结水，应设置专用管道进行收集；
2. 凝结水在使用前应设置过滤装置，根据使用场所需要考虑是否需要消毒处理；
3. 经过处理后的凝结水，由于温度较低，应优先作为冷却塔补水。

7.6.2 游泳池和消防水池排水：

1. 游泳池和消防水池排水应有空气隔断；
2. 游泳池排水在使用前应经过适当过滤和消毒处理。

7.6.3 天然水体：

1. 在使用前应首先征得有关部门的同意；
2. 应根据水源的水质报告和使用场所来确定相应的水处理方式和流程。

7.7 中水机房

7.7.1 中水处理机房的位置应符合以下原则：

1. 宜靠近大量产生原排水的区域；
2. 所产生的臭气、噪声等不应对人们正常的生产、生活造成影响；
3. 应能够方便日常的维护管理；
4. 应考虑设备的进出条件。

7.7.2 中水处理机房与主体建筑或其他建筑的关系应符合以下要求：

1. 建筑物内的中水处理机房宜设在建筑物的最低层；
2. 建筑群（组团）的中水处理机房宜设在中心建筑的地下室或裙房内；
3. 小区中水处理站应按规划要求独立设置，处理构筑物宜为地下式或封闭式；
4. 以生活污水为原水的独立的地面处理机房与公共建筑和住宅的距离不宜小于 15m。

7.7.3 中水处理机房内应设有值班、化验室和用于药品的制备与贮存的房间，建筑小区中水处理站宜设置直接通向室外的门。

7.7.4 中水处理机房应有可靠的排水设施，当原水系统不具备重力流排水管网时，机房内应设集水池和提升泵，其流量应满足原水的最大小时流量。

8 景观用水和冲洗用水

8.1 景观用水

8.1.1 景观用水尽量采用中水管网、天然水体、雨水供给。

8.1.2 绿化浇洒用水定额可按浇洒面积 1.0 ～ 3.0L/(m^2·d)计算；道路、广场浇洒用水定额可按浇洒面积 2.0 ～ 3.0L/(m^2·d)计算。

8.1.3 景观用水水体循环系统的补充水量根据蒸发、飘失、渗漏、排污等损失确定，室内工程取循环水流量的 1% ～ 3%，室外工程取循环水流量的 3% ～ 5%。

8.1.4 绿化采用以下方式浇灌：

1. 对于年雨水量较多的非水源型缺水地区，绿化通常就近、就地自然渗透，土壤湿润，不需经常浇洒，可采用人工洒水栓；对于年雨水量较少的干旱地区，宜采用高效节能的滴灌系统。
2. 对面积较小的绿化种植区和行道树使用人工洒水灌溉。
3. 对面积较大的绿化种植区使用移动式喷灌系统和固定喷灌系统。
4. 对人工地基的栽植地面（如屋顶、平台）采用高效节能的滴灌系统。

8.2 冲洗用水

8.2.1 洗车、道路、广场冲洗用水尽量采用非生活饮用水，可由中水管网、天然水体、雨水供给。详见第 6 章、第 7 章。

8.2.2 当冲洗用水由市政给水管网供水时，充分利用市政供水管道水压给水，供水管上设置水表计量。

8.2.3 按《建筑给水排水设计规范》(GB 50015—2003) 合理选用冲洗用水定额。

8.2.4 冲洗用水供水管上设置水表计量，并有明显的非饮用水标记。

8.2.5 当景观用水、冲洗用水由市政给水管网作为补充水时，应采取有效的防止回流污染的措施，供水管上应设置水表计量。

附录A　推 广 应 用 技 术

<table>
<tr><th rowspan="2">序号</th><th colspan="3">技术分类</th><th rowspan="2">技术名称</th><th rowspan="2">主要技术性能及特点</th><th rowspan="2">适用范围</th><th rowspan="2">生效时间</th><th rowspan="2">技术咨询服务单位</th></tr>
<tr><th>领域</th><th>类目</th><th>类别</th></tr>
<tr><td>1</td><td rowspan="4">一 建筑节能与新能源开发利用技术领域</td><td>可再生能源与新能源应用技术</td><td>太阳能利用技术</td><td>太阳能与其他能源组合供生活热水系统</td><td>太阳能集热系统由集热器、贮热水箱、管道、控制器等组成。布置方式有紧凑式、分离式。贮热水箱内的水温、日有用得热量、平均热损系数等应符合国家现行标准要求。太阳能热水系统与其他能源（电、燃气、燃油等）组合后，可提供符合给排水设计规范要求的生活热水（热水量和热水温度）。设备、部件的安装位置及连接形式，应与建筑设计统筹考虑，达到美观、安全和施工方便的要求</td><td>民用建筑</td><td>自本公告发布之日起至下期公告发布本类技术之日止</td><td>中国建筑科学研究院建筑环境与节能研究院
电话：010－64517331
建设部科技发展促进中心建筑节能中心
电话：010－58934107</td></tr>
<tr><td>2</td><td rowspan="3">可再生能源与新能源应用技术</td><td rowspan="3">地能利用技术</td><td>空气源热泵热水器</td><td>具有较高的能效比，所生产的热水的最高温度应超过55℃。在环境温度为35℃时，COP达到5.5；在环境温度为25℃时，COP达到4.5；在环境温度为5℃时，COP达到2.8。并设有自适应的流量调控装置，保证系统在全年运行工况下的高性能</td><td>夏热冬冷及夏热冬暖地区的各种需要低温热水的场合，如住宅、宾馆、学校等</td><td rowspan="3">自本公告发布之日起至下期公告发布本类技术之日止</td><td rowspan="3">中国建筑科学研究院建筑环境与节能研究院
电话：010－64517331
建设部科技发展促进中心建筑节能中心
电话：010－58934229</td></tr>
<tr><td>3</td><td>土壤源利用技术</td><td>以土壤作为热源、冷源，通过高效热泵机组向建筑物供热或供冷。高效热泵机组的能效比一般能达到4.0kW/kW以上，与传统的冷水机组加锅炉的配置相比，全年能耗可节省40%左右，初投资偏高，机房面积较小，节省常规系统冷却塔可观的耗水量，运行费用低，对环境无污染。应对工程场区及其岩土体地质条件进行勘察和可行性研究</td><td>地质条件适宜于埋设地埋管换热器系统的各类建筑供暖空调系统</td></tr>
<tr><td>4</td><td>地下水源利用技术</td><td>以地下120m之内的浅层地下水作为热源、冷源，通过高效热泵机组向建筑物供热或供冷。地下水换热系统有直接和间接两种方式。高效热泵机组能效比一般能达到4.0kW/kW以上，与传统的冷水机组加锅炉的配置相比，全年能耗可节省40%左右。初投资相近，机房面积小，节省常规系统冷却塔可观的耗水量，运行费用低。应具备打井的水文地质条件，采用可靠的回灌措施，并不得对地下水资源造成浪费及污染</td><td>地下水源充足，水文地质条件适宜，能够保证回灌地区的各类建筑空调和供暖系统</td></tr>
</table>

续表

<table>
<tr><th rowspan="2">序号</th><th colspan="3">技术分类</th><th rowspan="2">技术名称</th><th rowspan="2">主要技术性能及特点</th><th rowspan="2">适用范围</th><th rowspan="2">生效时间</th><th rowspan="2">技术咨询服务单位</th></tr>
<tr><th>领域</th><th>类目</th><th>类别</th></tr>
<tr><td>5</td><td>一 建筑节能与新能源开发利用技术领域</td><td>可再生能源与新能源应用技术</td><td>地能利用技术</td><td>地表水源利用技术</td><td>以河水、湖水、海水、再生水等地表水作为热源、冷源，通过高效热泵机组向建筑物供热或供冷。地表水换热系统分为开式和闭式两种方式。高效热泵机组能效比一般能达到4.0kW/kW以上，与传统的冷水机组加锅炉的配置相比，全年能耗可节省40%左右，初投资相近，机房面积较小，节省常规系统冷却塔可观的耗水量，运行费用低。应做水环境影响评价</td><td>沿江、沿海、沿湖、水源充足，水文地质条件适宜，及有条件利用城市污水、再生水地区的各类建筑空调和供暖系统</td><td>自本公告发布之日起至下期公告发布本类技术之日止</td><td>中国建筑科学研究院建筑环境与节能研究院
电话：010—64517331
建设部科技发展促进中心建筑节能中心
电话：010—58934229</td></tr>
<tr><td>6</td><td>二 节地与地下空间开发利用技术领域</td><td>地下空间开发利用技术</td><td>市政公共管廊综合与地下管线敷设技术</td><td>城市干道市政、公用管线敷设的共同沟技术</td><td>供水、供电、通讯、燃气等市政管线进入统一的地下管廊，组成共同沟。城市地下管道综合走廊设有专门的检修口、吊装口、检测系统、排水系统、通风系统和照明系统等，并为检修、维护、增容等工作预留操作和交通空间。在少量开挖地表的情况下，检测、检查、修复、更新和铺设管道、线缆。有利于管线的维护修缮，有利于城市道路的使用，合理利用城市干道下的地下空间，节约了城市用地</td><td>大、中型城市交通干道以及过河管道工程项目多的管线敷设工程</td><td>自本公告发布之日起至下期公告发布本类技术之日止</td><td>中国城镇供水排水协会
电话：010—63377173
中国土木工程学会
电话：010—58934591</td></tr>
<tr><td>7</td><td rowspan="3">三 节水与水资源开发利用技术领域</td><td rowspan="3">城镇供水节水技术</td><td rowspan="3">城镇供水管道系统</td><td>城镇供水球墨铸铁管道系统</td><td>性能符合ISO2531/GB13295相关标准的要求，外镀锌符合ISO8197标准要求，内衬水泥砂浆符合ISO4179标准要求；管件符合ISO2531标准要求，并采用消失模和树脂砂等工艺生产。具有较强的韧性和抗高压、抗氧化、抗腐蚀等优良性能</td><td>城镇供水</td><td rowspan="3">自本公告发布之日起至下期公告发布本类技术之日止</td><td rowspan="3">城市建设研究院
电话：010—64970765
中国建筑设计研究院机电专业设计研究院
电话：010—68368018
中国城市规划协会地下管线专业委员会
电话：010—63978071</td></tr>
<tr><td>8</td><td>城市地下管线工程非开挖技术</td><td>该技术属于土木建筑科学技术地下工程领域，与市政工程、工程机械、钻井技术与装备、物探技术、自动控制技术等专业学科领域交叉，在少量开挖地表的情况下，检测、检查、修复、更新和铺设管道、线缆，可在水、电、通信、气等地下管道工程中得到应用，减少地下管线建设工程项目对城市运行、环境的干扰和破坏</td><td>大、中型城市干道、次干道中交通繁忙，商业网点集中以及过河等管道工程项目多的管线敷设工程</td></tr>
<tr><td>9</td><td>直埋式软密封闸阀</td><td>该技术可直接埋在土中，不设阀门井，不坏不漏，使城市道路平整，并可保证管网安全</td><td>市政管网和住宅小区</td></tr>
</table>

续表

序号	技术分类			技术名称	主要技术性能及特点	适用范围	生效时间	技术咨询服务单位
	领域	类目	类别					
10	三 节水与水资源开发利用技术领域	城镇供水节水技术	其他节水管理技术	管网直连式建筑增压供水技术	将建筑增压供水设备直接串接在自来水管网上，通过自动控制技术，实现恒压或所要求的压力供水。该系统采取有效技术措施，可避免市政管出现负压。可充分利用市政管网压力，节能、节地、降低工程造价，同时避免二次供水的污染，保证居民饮用水质量	市政供水管网服务压力达标地区的建筑增压供水，同时并应取得市政供水主管部门的同意	自本公告发布之日起至下期公告发布本类技术之日止	城市建设研究院 电话：010－64970765 中国建筑设计研究院机电专业设计研究院 电话：010－68368018 中国城市规划协会地下管线专业委员会 电话：010－63978071
11		生活节水技术	建筑节水型节水器具与设施	陶瓷片密封水嘴	采用陶瓷阀芯，密封性能好，耐磨性好，使用寿命较长，有利于节水。产品性能应符合国家或行业标准的要求	各类房屋建筑	自本公告发布之日起至下期公告发布本类技术之日止	建设部住宅产业化促进中心 电话：010－58934347 中国建筑设计研究院机电专业设计研究院 电话：010－68368018
12				节水型坐便器系统（≤6L）	在一次冲洗用水量不大于6L的前提下，分两档冲水，冲洗功能、水箱配件和接口等部件的主要性能指标以及管道系统应符合国家或行业标准的要求	住宅建筑		
13				红外线感应节水装置	由红外线探测装置、微电脑数字集成电路、电磁阀、给水配件组成。可在现场修改给水程序，调整冲水时间及水量，防止管道水倒流。具有节水、节能、环保、安全卫生、安装方便等特点。产品性能应符合国家或行业标准的要求	公用场所中用水器具节水控制		
14				自力式平衡压力恒温混水阀	利用金属膜片调节冷热水压力，使混水温度稳定、可控，并满足用户洗浴的要求，温度精度40℃±2.5℃	公共洗浴场所		
15			节水系统	模块化同层排水节水系统	是指卫生洁具的排水横支管集成模块化，集同层排水与废水收集、储存、过滤、回用冲厕为一体的节水装置系统。有沿墙侧立式、降低楼板楼面或抬高楼面等多种敷设方式。具有安装方便和维修不干扰上下层住户的特点。可工厂化生产，现场装配	住宅建筑		
16			水计量技术	IC卡智能水表	由水表、智能芯片、电路电源、液晶显示、脉冲电磁阀等部分组成。智能表集自动计量、状态显示、防止不正当使用（抗强磁干扰4000～6000Hz、拆卸表壳）等功能于一体。设有用水警戒提示。可显示充值、累计剩余水量和运行、故障等状态	各种中小型自来水用户和住宅水表		
17				IC卡复费率水表	除具有IC卡智能水表的技术性能以外，还具有阶梯水价，分段计费和超定额累进加价计费的功能	实行阶梯水价或计划用水管理城市中供水单位对用水户的用水计量管理		

续表

序号	技术分类 领域	类目	类别	技术名称	主要技术性能及特点	适用范围	生效时间	技术咨询服务单位
18	三 节水与水资源开发利用技术	生活节水技术领域	城镇绿化与道路浇洒节水技术	喷灌技术	喷灌技术是一种机械化喷洒均匀高效节水灌溉技术。具有节水、适应性强等特点	城市园林绿化	自本公告发布之日起至下期公告发布本类技术之日止	城市建设研究院 电话：010－64970765 中国建筑设计研究院机电专业设计研究院 电话：010－68368018
19				微灌技术	微灌技术包括微喷和滴灌，是一种现代化、精细高效的节水灌溉技术。具有省水、节能、适应性强等特点，灌水同时可兼施肥，灌溉效率能够达到90%以上	城市园林绿化		
20				无水洗车技术	无水洗车是采用物理清洗和化学清洗相结合的方法，对车辆进行清洗的现代清洗工艺。其主要特点是不用清洗水，没有污水排放，操作简便，成本较低。无水洗车使用的清洗剂有：车身清洗上光剂、轮胎清洗增黑剂、玻璃清洗防雾剂、皮塑清洗光亮剂等。清洗剂不含溶剂，环保、安全可靠	各种汽车清洗		
21			车辆清洗节水技术	微水洗车技术	微水洗车可使气、水分离，泵压和水压的和谐匹配，可以使其在清洗污垢时达到较好效果。清洗车外污垢可单用水，清洗车内部分可单用气，采用这种方式洗车若在15min内连续使用，用水量小于1.5 L	各种汽车清洗		
22				循环水洗车技术	循环水洗车设备采用全自动控制系统洗车，循环水设备可选用加药和膜分离技术等使水净化循环再用，可以节约用水90%。具有运行费用低、全部回用、操作简单、占地面积小等特点	各种汽车清洗		
23			公厕节水技术	真空冲厕与生活污水源分离技术	真空冲厕技术及粪尿水（污水）单独收集系统，在满足使用方便和卫生的条件下，实现源头节水的目标。该技术大大降低冲厕用水，同时将粪尿水（污水）与其他污染程度低的杂排水（废水）分开收集，便于将杂排水经简单处理后作再生水利用。真空冲厕与真空排水系统由真空源，真空管道和真空便器组成。粪尿水通过单独的真空管道收集。高浓粪尿水进行资源化处理后，可有效利用其营养物质	公用厕所		
24		雨水和海咸水利用技术	雨水收集利用技术	屋面虹吸雨水排水系统	由虹吸式雨水斗、管材、管件、固定件及配套系统组成。该系统根据“伯努利”方程原理，利用雨水从屋面流向地面的高差所具有的势能，形成悬吊管内雨水负压抽吸流动，雨水连续流过悬吊管，并转入立管，跌落时形成的虹吸作用使雨水以较高的流速排出。具有气水分离性能好、流量大、斗前水位低等特点	建筑屋面雨水排放		

续表

序号	技术分类			技术名称	主要技术性能及特点	适用范围	生效时间	技术咨询服务单位
	领域	类目	类别					
25	三 节水与水资源开发利用技术领域	雨水和海咸水利用技术	雨水收集利用技术	屋面雨水集蓄利用系统	分为单体建筑物分散式集蓄系统和建筑群集中式集蓄系统。以屋面做集雨面的雨水集蓄利用系统，由雨水汇集区、输水管道、截污装置、储存、净化和配水等部分组成。使雨水得到合理利用，并可减轻城市排水管网和处理系统的负荷	建筑屋面雨水收集利用	自本公告发布之日起至下期公告发布本类技术之日止	城市建设研究院 电话：010—64970765
26			海水利用及淡化技术	蒸馏法海水淡化技术	利用热能将海水转化为优质淡水。分为低温多效、多级闪蒸和压汽蒸馏三种技术。具有可利用电厂和其他工厂的低品位热能、对原料海水水质要求低、装置的生产能力大等特点	海水的淡化利用		
27				反渗透海水淡化技术	利用反渗透膜分离技术将海水转化为优质淡水。对比远距离引水工程具有工程投资低、建造周期短、占地面积小、运行维护简便、能耗低、制水成本低等特点	海水的淡化利用		
28		污水再生利用技术	建筑中水利用技术	建筑中水回用系统	系统设计应按照国家相关标准、规范，根据选定的排水水质、水量和中水回用水的水质与水量要求，确定处理工艺和规模。处理后的中水必须达到回用水的水质标准要求	建筑物、住宅小区		
29				生活污水生态再生处理系统	利用天然或人工生态系统生物处理技术处理污水，净化后的污水可达到《城市污水再生利用 城市杂用水水质》（GB/T 18921—2002）、《污水综合排放标准》（GB 8978—96）的要求，处理后的中水可以回用于绿化喷灌、清洗水、冲厕等，具有出水水质稳定、运营成本低、可与当地生态环境相结合等特点，可有效节约水资源	小区再生水处理		
30			城市污水再生水利用技术	污水再生水的回用技术	城镇污水经净化后的排出水，再经多种由不同处理单元技术组合而成的成套处理工艺技术处理，达到再生利用的相关水质标准后，做不同用途的用水。实现污、废水的资源化，节约用水，治理污染，保护环境	城镇杂用水、景观环境用水、补充水源水、工业用水等		

续表

序号	技术分类			技术名称	主要技术性能及特点	适用范围	生效时间	技术咨询服务单位
	领域	类目	类别					
31	三 节水与水资源开发利用技术领域	化学建材技术	塑料管道及复合管道系统	建筑给水(冷水)塑料管道系统	卫生、节能、环保;安装方便,工效高;耐腐蚀,使用寿命长。品种包括:铝塑复合(PAP)管、钢塑复合(PSP)管、聚乙烯(PE)管、交联聚乙烯(PE-X)管、耐热聚乙烯(PE-RT)管、聚丙烯(PP-R型、PP-B型)管、塑铝稳态复合管(PP-R型、PE-RT型)、纤维增强PP-R复合管、硬聚氯乙烯(PVC-U)管(非铅盐稳定剂生产)、丙烯酸共聚聚氯乙烯(AGR)管等。产品性能应符合相应的国家或行业标准要求,卫生性能应符合GB/T 17219要求,设计施工时立管应做防伸缩和固定处理,并应符合相应的工程技术规程要求。钢塑复合管应做好金属外露处的防腐处理	介质温度不高于40℃的建筑冷水管道	自本公告发布之日起至下期公告发布本类技术之日止	建设部科技发展促进中心 电话:010—58933150
32	四 节材与材料资源合理利用技术领域	化学建材技术	塑料管道及复合管道系统	建筑给水(热水)塑料管道系统	卫生、节能、环保;安装方便,工效高;耐腐蚀,使用寿命长。品种包括:铝塑复合管(PE-RT型、PE-X型)、塑铝稳态复合管(PE-RT型、PP-R型)、交联聚乙烯(PE-X)管、无规共聚聚丙烯(PP-R)管、纤维增强PP-R复合管、耐热聚乙烯(PE-RT)管、聚丁烯(PB)管、氯化聚氯乙烯(PVC-C)管等。产品性能应符合相应的国家或行业标准要求,设计施工时管道系统应做防伸缩和固定处理,并应符合相应的工程技术规程要求	介质温度不高于70℃的建筑生活热水管道	自本公告发布之日起至下期公告发布本类技术之日止	建设部科技发展促进中心 电话:010—58933150
33				建筑排水塑料管道系统	节能,环保;安装方便,工效高;耐腐蚀,使用寿命长。品种包括:硬聚氯乙烯(PVC-U)管(含实壁管、芯层发泡管、中空壁管、内螺旋管)、高密度聚乙烯(HDPE)管、硬聚氯乙烯(PVC-U)建筑雨落水管。产品性能应符合相应的国家和行业标准要求,设计施工应符合相应的工程技术规程要求	建筑排水及建筑雨水管道		
34				城乡供水塑料管系统	输送流体阻力小,能耗低,耐腐蚀,使用寿命长。品种包括:聚乙烯(PE)管,硬聚氯乙烯(PVC-U)管(非铅盐稳定剂)、玻璃钢夹砂(GRP)管、钢骨架(含钢丝网骨架)聚乙烯复合管、钢塑复合(PSP)管。产品性能应符合相应的国家或行业标准要求,卫生性能应符合GB/T 17219要求,设计施工应符合相应的工程技术规程要求,且复合管端头金属外露处必须做好防腐处理	城乡供水		

续表

序号	技术分类			技术名称	主要技术性能及特点	适用范围	生效时间	技术咨询服务单位
	领域	类目	类别					
35	四 节材与材料资源合理利用技术领域	化学建材技术体系	塑料管道及复合管道系统	城镇排水塑料管道系统	重量轻、耐腐蚀，管材环刚度可根据需要设计，接口密封性能好，不渗漏，可有效防止对地下水的污染。品种包括：高密度聚乙烯双壁波纹管、高密度聚乙烯缠绕结构壁管、钢带增强聚乙烯螺旋缠绕管、硬聚氯乙烯双壁波纹管、硬聚氯乙烯环形肋管、聚氯乙烯（PVC-U）管（实壁）、玻璃钢夹砂（GRP）管等。产品性能应符合相应国家或行业标准要求，设计施工应符合相应的工程技术规程要求，管周围回填土应选材合理，并达到密实度要求。塑料排水管道系统应优先采用塑料检查井	城镇污水、废水、雨水管道	自本公告发布之日起至下期公告发布本类技术之日止	建设部科技发展促进中心 电话：010－58933150
36	四 节材与材料资源合理利用技术领域	化学建材技术体系	塑料管道及复合管道系统	聚乙烯燃气管道系统	耐化学稳定性能好，耐环境低温性能好，重量轻，管材连接简便可靠，抗地震性能强。品种包括：高密度聚乙烯（HDPE）管、中密度聚乙烯（MDPE）管、钢骨架（含钢丝网骨架）聚乙烯复合管。原料应选用经过定级的国产或进口聚乙烯燃气管道专用料（混配料），产品性能应符合相应国家或行业标准要求，设计施工应符合相应的工程技术规程要求	城镇燃气管道	自本公告发布之日起至下期公告发布本类技术之日止	建设部科技发展促进中心 电话：010－58933150
37	四 节材与材料资源合理利用技术领域	其他节材技术		建筑给水涂（衬）塑钢管管道系统	涂塑复合钢管是将树脂（聚乙烯或环氧树脂）粉末均匀涂敷于钢管内壁和固化而成；衬塑复合钢管是将塑料管紧衬于钢管内壁复合制成；配套管件为内涂（衬）塑铸铁或铸钢复合管件；管道系统连接可采用螺纹连接、法兰连接、沟槽连接等方式。该项技术具有机械强度高、卫生性能好、耐腐蚀、使用寿命长等特点。产品性能应符合国家或行业标准要求，设计施工应符合相应的工程技术标准要求。管材断口处、丝扣外露处必须做好防腐处理。涂塑钢管机械套丝时，注意防止涂塑层过热	建筑给水管、消防水管	自本公告发布之日起至下期公告发布本类技术之日止	建设部科技发展促进中心 电话：010－58933150

续表

序号	技术分类			技术名称	主要技术性能及特点	适用范围	生效时间	技术咨询服务单位
	领域	类目	类别					
38	四 节材与材料资源合理利用技术领域	其他节材技术		建筑给水薄壁不锈钢管道系统	卫生、节能、节材、环保，安装方便，工效高，耐腐蚀，使用寿命长。主要包括：304/304L、316/316L奥氏体薄壁不锈钢管，产品性能应符合相应的国家或行业标准要求，卫生性能应符合GB/T17219要求；设计和安装应符合相应的技术规程要求	建筑给水（饮用净水、冷热水）管道	自本公告发布之日起至下期公告发布本类技术之日止	建设部科技发展促进中心 电话：010－58933150
39				金属风管薄钢板法兰连接技术（无法兰风管）	金属风管制作采用薄钢板法兰连接技术（无法兰风管），板材厚度0.5～1.2mm，连接形式有：插接式、共板式、插条式和组合式。制作工艺：以计算机控制自动排列下料、等离子切割和加工设备各个工序科学的组合，形成生产线或单机配套加工。具有生产效率高、降低消耗、成型美观、实现风管加工的全自动化、产品质量好等优点	房屋建筑工程中的通风与空气调节系统的通风管道制作与安装工程		中国安装协会 电话：010－68040822 中国建筑业协会建筑安全分会 电话：010－58933693
40	五 城镇环境友好技术领域	城镇市容环境技术	水与湿地环境保护技术	水环境生态修复技术	采用生物法为主、物化法为辅的综合治理措施，建立水环境生物链，提高水体自净能力，获得人与自然的和谐。设施简单，建设周期短，综合投资成本低，运行维护费用低，管理技术要求低。生物群落本土化，生态风险小，生物多样性强，生态系统稳定，对污染负荷波动的适应能力强	被污染水体的修复	自本公告发布之日起至下期公告发布本类技术之日止	城市建设研究院 电话：010－64815050
41		污水及污泥处理技术体系	高效低耗污水处理技术	旋流沉砂池	污水从沉砂池切向流入，回旋270°或360°出流。粒径0.2mm以上颗粒沉砂去除率达85%，通过泵吸或空气提升至砂水分离器，由螺旋杆输出外运。砂粒含水率低于60%。与传统平流式沉砂池相比效率明显提高	城镇污水处理厂污水中砂粒的沉降、分离和输送	自本公告发布之日起至下期公告发布本类技术之日止	城市建设研究院 电话：010－64970765 建设部科技发展促进中心 电话：010－58934249 中国市政工程华北设计研究院 电话：022－23545187
42				转鼓式细格栅	该设备集固液分离，滤渣清洗、压榨于一体。污水流经格栅区拦截下的物质，经排渣螺杆提升、压榨、脱水。其滤液进入下一个环节继续处理，滤渣密闭包装运输至垃圾填埋厂填埋或焚烧	城镇污水的治理		

续表

序号	技术分类			技术名称	主要技术性能及特点	适用范围	生效时间	技术咨询服务单位
	领域	类目	类别					
43	五 城镇环境友好技术领域	污水及污泥处理技术体系	高效低耗污水处理技术	一体化氧化沟污水处理技术和成套设备	集曝气、沉淀、泥水分离和污泥回流技术于一体，利用侧沟或中心岛的方式对污泥进行分离、回流，可不设二沉池和污泥回流泵。可将原水水质 $COD_{Cr} \leqslant 800$，$BOD_5 \leqslant 400$ mg/L 的水质，净化后达到 GB8978－1996 相关标准的要求；具有不需二沉池、不设回流泵、节地、节能、投资省、易操作、运行费用低等特点	万吨级的污水处理厂、人口在5万人左右的住宅区或城镇	自本公告发布之日起至下期公告发布本类技术之日止	城市建设研究院 电话：010－64970765 建设部科技发展促进中心 电话：010－58934249 中国市政工程华北设计研究院 电话：022－23545187
44				中空纤维膜生物反应器生活污水净化和回用技术	将污水生物处理技术和高分子纤维膜过滤技术相结合，利用膜的截留作用，提高反应器中的生物群的浓度，降低生物负荷，延长泥龄，对难降解有机物代谢分解；再利用膜的过滤作用，使反应器出水清澈，达到传统深度处理的要求，可直接回用。出水技术指标：$COD_{Cr} < 50$mg/L，$BOD_5 < 10$ mg/L，$NH_3 < 20$ mg/L，SS < 10 mg/L	公共建筑或居住小区生活污水的回收利用		
45				漂浮式潜水曝气机	利用负压吸气原理，将水泵直接置于水池进行充氧，可取消鼓风机房，安装、维护、管理方便，无堵塞，噪声低，使用寿命长，综合效率较高。简化控制程序，节约投资。动力效率：1.7～2.1 kgO_2/kWh	中、小规模城镇污水处理厂（尤其是间歇曝气的 SBR 处理工艺）		
46		污水及污泥处理技术	高效低耗污水处理技术	中微孔曝气器	经加压的空气通过中微孔曝气器形成微小的气泡，向水体充氧。充氧效率高，节约能耗，运行费用低，使用寿命长。通常用刚玉、橡胶和工程塑料、石英等材质制作而成。刚玉材质耐用，橡胶材质防堵塞能力强，工程塑料材质易酸洗再生，石英材质使用寿命长。中微孔曝气器有盘式、板式、钟罩式、管式等形式。主要性能为：理论动力效率≥4.5kgO_2/kWh；氧气利用率≥26%。其理化、力学性能应符合 CJ/T3015.1 相关标准要求。其中管式曝气器充氧能力≥0.60kgO_2/(m·h)；理论动力效率 7.8kgO_2/kWh。其充氧能力强，效率高	城镇污水处理厂曝气池、天然河道的曝气充氧	自本公告发布之日起至下期公告发布本类技术之日止	城市建设研究院 电话：010－64970765 建设部科技发展促进中心 电话：010－58934249 中国市政工程华北设计研究院 电话：022－23545187

续表

序号	技术分类			技术名称	主要技术性能及特点	适用范围	生效时间	技术咨询服务单位
	领域	类目	类别					
47	五 城镇环境友好技术领域	污水及污泥处理技术	高效低耗污水处理技术	转碟式机械曝气器	碟片采用聚苯乙烯发泡压塑成型或玻璃钢注塑成型，搅拌能力强，池深可达4.2m；充气效率高，每片充氧能力0.9～1.4kgO_2/h；池底液体流速≥0.3m/s	城镇污水处理厂中的环流充氧（氧化沟类）曝气池	自本公告发布之日起至下期公告发布本类技术之日止	城市建设研究院 电话：010－64970765 建设部科技发展促进中心 电话：010－58934249 中国市政工程华北设计研究院 电话：022－23545187
48			污泥处理与综合利用技术	单管吸泥机	利用单管吸泥迅速，污泥搅动小，土建投资省，能适应较大的流量变化范围，保持较清的出水	城镇污水处理厂生化处理后沉淀池排泥		
49				平流沉淀池全塑链板式刮泥机	采用全塑制造的链板式刮泥机，池宽≤10m，寿命长达20年，部件质量轻，耐腐耐磨损，能耗低，运行成本低	大、中规模城镇污水处理厂平流沉淀池初沉池排泥		
50				污水处理厂污泥好氧堆肥处理技术	在有氧条件下，通过添加结构材料并调配到适宜的C/N，由好氧菌对污泥中多种有机物进行吸收、氧化、分解，转化为腐殖质。堆肥物料温度在50～70℃下完成污泥的稳定，并杀灭寄生虫卵和病原微生物，达到GB18918－2002国家相关标准的要求。经过好氧堆肥的物料，体积可减少40%～50%，水分可降低到30%～45%，可以作为土壤改良剂或制作有机复合肥的原料。堆肥过程产生的臭气通过集中处理后达标排放	城镇污水处理厂污泥处理		
51			污水安全消毒和水质监测技术	紫外线消毒设备	利用紫外光等的有效波长233.7～273.7nm在水体中直接杀菌消毒。紫外装置采用模块结构，安装简易，不使用化学物品，运行安全，成本低，杀菌效果明显	小规模的城镇污水处理厂出水的灭菌消毒		

续表

序号	技术分类			技术名称	主要技术性能及特点	适用范围	生效时间	技术咨询服务单位
	领域	类目	类别					
52	五 城镇环境友好技术领域	污水及污泥处理技术	污水安全消毒和水质监测技术	二氧化氯发生器	根据所采用的原料不同可分高浓度 ClO_2 发生器和 ClO_2 与 Cl_2 混合气发生器。其生产工艺有氯酸盐工艺和亚氯酸盐工艺。其中氯酸盐工艺包括氯酸钠、盐酸工艺和氯酸钠、硫酸工艺；亚氯酸盐工艺采用亚氯酸钠、盐酸工艺。采用负压曝气工艺，生产以二氧化氯为主的复合消毒液。反应器采用多段曝气、多段反应新工艺，二氧化氯 $ClO_2>70\%$，温度 $T\geqslant70$℃，转化率 $S\geqslant85\%$	中小规模自来水厂和污水处理厂的消毒	自本公告发布之日起至下期公告发布本类技术之日止	城市建设研究院 电话：010—64970765 建设部科技发展促进中心 电话：010—58934249 中国市政工程华北设计研究院 电话：022—23545187
53			其他	铝合金叠梁闸	由多块闸板和闸槽组成。每套闸板由上、中、下闸板组成。每块闸板由若干根异型铝合金方管嵌入粘接而成。异型方管和边槽设计独特，便于组合安装，密封可靠，操作简便，重量轻，耐腐蚀。闸板重量约 $25kg/m^2$；泄漏量＜0.015L/（s·m）（密封长度）；使用寿命≥5 年	水利、水电、城镇给水以及污水处理工程的堤坝、河道、渠涵等构筑物		
54				手电动不锈钢板闸	操作简便、耐腐蚀、密封可靠、易于维护。闸门承受最大工作水头 0.08MPa；闸门在最大工作水头时，泄漏量不大于 1.25L/（min·m）；闸门启闭时的噪音不大于 75dB（A）；供电电源 380V/3ph/50Hz；防护等级 IP67，绝缘等级 F			
55	六 新农村建设先进适用技术领域	村镇基础设施建设技术体系	供水技术	复合介质除砷（降氟）过滤净化工艺技术	利用复合式介质组合原理，使用紫外消毒等工艺装置，去除砷元素（氟元素）。其组合方式是由多个介质过滤罐组合成的过滤体，再经保安过滤、软化装置、紫外线杀菌器和操控设备等组装而成。整套设备集水净化、消毒多功能于一体，操作直观简便，并实现了生产工艺过程的智能化控制	村镇生活饮用水源中砷、氟超标水的处理	自本公告发布之日起至下期公告发布本类技术之日止	中国建筑设计研究院机电专业设计研究院 电话：010—68368018 北京市市政工程设计研究总院 电话：010—82216852 建设部科技发展促进中心 电话：010—58933150
56				饮用水臭氧消毒技术	将臭氧作为饮用水的消毒剂，可杀死细菌、去除病毒，并可氧化部分有机物，但由于臭氧半衰期短，无法在管网中维持其剩余量，水厂出厂水仍需少量投加氯类（氯、二氧化氯、次氯酸钠等）消毒剂，以防止水在输送过程中，受到二次污染	在就地生产就地使用的条件下，可用于村镇水厂、居住区和住户饮用水的消毒		

续表

序号	技术分类			技术名称	主要技术性能及特点	适用范围	生效时间	技术咨询服务单位
	领域	类目	类别					
57	六 新农村建设先进适用技术领域	村镇基础设施建设技术体系	供水技术	紫外线消毒技术	紫外线波长范围为200～390nm，波长在260nm左右的紫外线杀菌能力最强，影响紫外线消毒的因素有：微生物种类、数量，照射时间与水层厚度，水的色度、温度、有机物杂质等，需根据消毒对象的水质确定紫外线的照射剂量。紫外线消毒无需应用化学药品，具有杀菌作用快，运行安全，管理简单，运行和维修费用低，一般处理水量较小等特点	村镇水厂出厂水的消毒	自本公告发布之日起至下期公告发布本类技术之日止	中国建筑设计研究院机电专业设计研究院 电话：010－68368018 北京市市政工程设计研究总院 电话：010－82216852 建设部科技发展促进中心 电话：010－58933150
58				栅条或网格等絮凝技术	在沿流程一定距离的过水断面中，设置栅条或网格，通过栅条或网格的能量消耗完成絮凝过程的构筑物，可作为隔板絮凝池或穿孔旋流絮凝池挖潜改造的技术措施，也可用于与平流沉淀池或斜管沉淀池合建工程	村镇给水净化		
59			生态排水系统	生态排水及厕所技术	厕所粪尿和其他生活污水尽可能分别单独收集，实现污水的源头分类和控制。分流收集的粪尿量与混合污水相比体积小，适当处理后就是理想的肥料，可返田农用，实现生态良性循环。粪便水以外的污水因污染较轻，经适当处理后，与雨水一起通过天然或人工处理设施净化后，可用于农田、绿地浇灌和工业供水，或反渗补充地下水，从而实现资源化利用	缺水地区的村镇		
60			村镇生活污水处理技术	生活污水生物接触氧化处理技术	生物接触氧化池由池体、填料、布水装置和曝气系统等部分组成，在有氧的条件下，依靠附着在填料上的生物膜，吸附污水中的有机污染物，并可使水中的氨氮完成硝化作用，使污水得到净化，其处理效果稳定，占地较少，运行管理较简单	村镇生活污水处理	自本公告发布之日起至下期公告发布本类技术之日止	中国建筑设计研究院 电话：010－58933620 北京市市政工程设计研究总院 电话：010－82216852 城市建设研究院 电话：010－64970765 建设部科技发展促进中心 电话：010－58933150
61				小城镇污水人工湿地处理技术	污水经沉砂、初沉等预处理后，进入人工湿地处理系统，湿地表层种植生物量大、根系发达、输氧能力强、净化污水能力优异的水生植物，如芦苇、水葱、水烛、美人蕉等。利用此生态系统和填料上的生物膜，吸附、同化和降解水中污染物，从而净化污水。该技术处理效果稳定，工艺简单，工程造价较低，能耗低，管理方便，处理成本低，但是占地面积较大，处理效果受环境影响，长期运行潜在堵塞问题	各类小城镇污水简易处理		

续表

序号	技术分类			技术名称	主要技术性能及特点	适用范围	生效时间	技术咨询服务单位
	领域	类目	类别					
62	六 新农村建设先进适用技术领域	村镇基础设施建设技术体系	村镇生活污水处理技术	分散式人工湿地污水处理池	分户或联户建人工湿地污水处理池，垫卵石、粗泥砂，种植根系发达植物。砂卵石表面的微生物吸附污水中的污染物，用植物根部吸附微生物。生活污水经过处理后，浊水变清。单户每池造价约 800 元，三年后清洗或更换卵石、粗砂，仍可继续使用	江南农村污水处理	自本公告发布之日起至下期公告发布本类技术之日止	中国建筑设计研究院 电话：010－58933620 北京市市政工程设计研究总院 电话：010－82216852 城市建设研究院 电话：010－64970765 建设部科技发展促进中心 电话：010－58933150
63			生活垃圾与粪便处理技术	有机垃圾条形堆肥技术	将有机垃圾（生活垃圾中有机物、粪便、污泥、农业废弃物等）堆成条垛形状，断面为三角形或梯形，利用自然通风，进行好氧发酵，堆肥发酵时间 2 个月以上，有机垃圾在微生物的作用下，堆体内可形成高温发酵环境，使有害病菌以及杂草种子等得到杀灭和破坏，有机垃圾最终转化为有机肥或土壤改良剂	村镇有机垃圾处理		

附录B 限制使用技术

<table>
<tr><th>序号</th><th>领域</th><th>技术名称</th><th>说明</th><th>限用范围</th><th>生效时间</th><th>技术咨询服务单位</th></tr>
<tr><td>1</td><td rowspan="7">三 节水与水资源开发利用技术领域</td><td>螺旋升降式铸铁水嘴</td><td rowspan="4">在《建设部推广应用和限制禁止使用技术》（建设部第 218 号公告）基础上，扩大了限用范围</td><td rowspan="4">不得用于民用建筑</td><td rowspan="4">自本公告发布之日起执行（2007 年 6 月 14 日）</td><td rowspan="4">建设部住宅产业化促进中心
电话:010—58934347、58934589
中国建筑设计研究院机电分院
电话：010—68368018</td></tr>
<tr><td>2</td><td>坐便器（>9L）</td></tr>
<tr><td>3</td><td>冷镀锌钢管</td></tr>
<tr><td>4</td><td>砂模铸造铸铁排水管</td></tr>
<tr><td>5</td><td>灰口铸铁管材、管件</td><td rowspan="3">依据《建设部推广应用和限制禁止使用技术》（建设部第 218 号公告）</td><td>不得用于城镇供水、燃气等市政管道系统。口径>400mm的管材及管件不允许在污水处理厂、排水泵站及市政排水管网中的压力管线中使用</td><td>2004 年 7 月 1 日起执行</td><td rowspan="3">建设部科技发展促进中心
电话：010—58934249
城市建设研究院
电话：010—64970765</td></tr>
<tr><td>6</td><td>平口、企口混凝土排水管（≤500mm）</td><td>不得用于城镇市政污水、雨水管道系统</td><td>2005 年 1 月 1 日起执行</td></tr>
<tr><td>7</td><td>平流式沉砂池</td><td>不得用于规模≥10000m³/d 而且环境要求较高的新建城镇污水处理厂</td><td>自 2005 年 1 月 1 日起执行</td></tr>
</table>

附录 C　上海市禁止或限制使用的材料

上海市禁止或者限制生产和使用的用于建设工程的材料目录摘录（第三批）

序号	材料名称	禁止或者限制的范围和内容	相关文件名称和编号
4	水封深度小于 50mm 的地漏	禁止在新建、改建、扩建建筑中使用	《建筑给水排水设计规范》(GB 50015—2003)
5	砖砌检查井	禁止在市政和住宅小区工程中使用	《上海市禁止和限制使用粘土砖管理暂行办法》(2000 年第 90 号市长令)

参 考 文 献

[1] 《建筑给水排水设计规范》(GB 50015—2003).

[2] 建设部工程质量安全监督与行业发展司，中国建筑标准设计研究院．全国民用建筑工程设计技术措施：节能专篇：2007：给水排水．北京：中国计划出版社，2007.

[3] 建设部工程质量安全监督与行业发展司，中国建筑标准设计研究院．全国民用建筑工程设计技术措施：节能专篇：2007：暖通空调动力．北京：中国计划出版社，2007.

[4] 中国建筑设计研究院．建筑给水排水设计手册．2 版．北京：中国建筑工业出版社，2008.

[5] 核工业第二研究设计院．给水排水设计手册：第 2 册．2 版．北京：中国建筑工业出版社，2001.

[6] 北京市市政工程设计研究总院．给水排水设计手册：第 5 册．2 版．北京：中国建筑工业出版社，2004.

[7] 建设部工程质量安全监督与行业发展司，中国建筑标准设计研究院．2003 全国民用建筑工程设计技术措施：给水排水．北京：中国计划出版社，2003.

[8] 本书编委会．建筑设计资料集：第 1 册．北京：中国建筑工业出版社，1994.

[9] 《泵机组液体输送系统节能监测方法》(GB/T 16666—1996).

[10] 《设备及管道保温技术通则》(GB/T 4272—2008).

[11] 《设备及管道保温设计导则》(GB/T 8175—2008).

[12] 《设备及管道保冷技术通则》(GB/T 11790—1996).

[13] 《工业设备及管道绝热工程设计规范》(GB 50264—1997).

[14] 《绿色建筑评价标准》(GB 50378—2006).

[15] 《民用建筑太阳能热水应用技术规范》(GB 50364—2005).

[16] 《流体输送用热塑想塑料管材　公称外径和公称压力》(GB/T 4217—2001).

[17] 《热塑性塑料管材通用壁厚表》(GB/T 10798—2001).

[18] 《热塑性塑料压力管材和管件用材料分级和命名　总体使用(设计)系数》(GB/T 18475—2001).

[19] 《冷热水系统用热塑性塑料管材和管件》(GB/T 18991—2003).

[20] 《冷热水用交联聚乙烯(PE-X)管道系统》(GB/T 18992—2003).

[21] 《给水用聚乙烯(PE)管材》(GB/T 13663—2000).

[22] 《冷热水用聚丙烯管道系统》(GB/T 18742—2002).

[23] 《冷热水用聚丁烯管道系统》(GB/T 19473—2004).

[24] 《给水用硬聚氯乙烯(PVC−U)管材》(GB/T 10002.1—2006).

[25] 《给水用硬聚氯乙烯(PVC−U)管件》(GB/T 10002.2—2003).

[26] 《冷热水用氯化聚氯乙烯(PVC−C)管道系统》(GB/T 18993—2003).

[27] 《丙烯腈-丁二烯-苯乙烯(ABS)压力管道系统》(GB/T 20207—2006).

[28] 《铝塑复合压力管》(GB/T 18997—2003).

[29] 《建筑给水聚丙烯管道工程技术规程》(GB/T 50349—2005).

[30] 《建筑中水设计规范》(GB 50336—2002).

[31] 《城镇直埋供热管道工程技术规程》(CJJ/T 81—98).

[32] 《IC 卡冷水水表》(CJ/T 133—2007).

[33] 《节水型生活用水器具》(CJ 164—2002).

[34] 《冷热水用耐热聚乙烯(PE-RT)管道系统》(CJ/T 175—2002).

[35] 《建筑给水交联聚乙烯(PE-X)管材》(CJ/T 205—2005).
[36] 《铝塑复合压力管(搭接焊)》(CJ/T 108—1999).
[37] 《建筑给水交联聚乙烯(PE-X)管用管件》(CJ/T 138—2001).
[38] 《给水用丙烯酸共聚聚氯乙烯管材及管件》(CJ/T 218—2005).
[39] 《铝塑复合管用卡压式管件》(CJ/T 190—2004).
[40] 《不锈钢塑料复合(SNP)管材》(CJ/T 184—2003).
[41] 《建筑给水聚乙烯类管道工程技术规程》(CJJ/T 98—2003).
[42] 《铝塑复合压力管(对接焊)》(CJ/T 159—2006).
[43] 《游泳池和水上游乐池给水排水设计规程》(CECS 14：2002).
[44] 《建筑小区塑料排水检查井应用技术规程》(CECS 227：2007).
[45] 《建筑给水硬聚氯乙烯管道设计与施工验收规程》(CECS 41：2004).
[46] 《建筑给水氯化聚氯乙烯(PVC-C)管道工程技术规程》CECS 136：2002).
[47] 《建筑给水铝塑复合管管道技术规程》(CECS 105：2000).
[48] 《公共建筑节能工程智能化技术规程》(DG/TJ 08-2040—2008).
[49] 《公共建筑节能设计标准》(DGJ 08-107—2004).
[50] 《建筑给水塑料管道工程技术规程》(DG/TJ 08-309—2005).
[51] 《建筑给水聚丁烯(PB)管道工程技术规程》(DBJ/CT 508—2001).
[52] 《热水管道直埋敷设》(05R410).
[53] 《管道和设备保温，防结露及电伴热》(03S401).
[54] 《建筑小区塑料排水检查井》(08SS523).
[55] 《埋地塑料排水管道施工》(04S520).
[56] 《太阳能集中热水系统选用与安装》(06SS128).
[57] 《太阳能集热系统设计与安装》(06K503).
[58] 《太阳能热水器选用与安装》(06J908—6).
[59] 《太阳能热水器安装与建筑构造》(L05SJ 904).
[60] 《橡胶密封件　给、排水管及污水管道用接口密封圈　材料规范》(HG/T 3091—2000).
[61] 《硬聚氯乙烯(PVC-U)塑料管道系统用溶剂型胶粘剂》(QB/T 2568—2002).
[62] 《热力输送系统节能监测方法》(GB/T 15910—1995).
[63] 罗清海，汤广发等．建筑热水节能途径分析．煤气与热力，2004(6).
[64] 罗清海，汤广发等．建筑热水节能中的热泵技术．给水排水，2004(5).
[65] 林宏．利用冷却塔供冷技术的初探．制冷空调与电力机械，2002，23(3).
[66] 罗定元，沈鸿澧．浅谈循环冷却水系统的化学法水质稳定处理．给水排水，2003，29(8).
[67] 车武，李俊奇．城市雨水利用技术与管理．北京：中国建筑工业出版社，2006.
[68] 宁静，李田．上海市降雨特性统计与雨水存储池容积计算．中国给水排水，2006，22(4).